Die neueren Kraftmaschinen,

ihre Kosten und ihre Verwendung.

Für Betriebsleiter, Fabrikanten etc.

sowie

zum Handgebrauch von Ingenieuren und Architekten.

Herausgegeben von

Otto Marr, Zivil-Ingenieur.

München und **Berlin**.

Druck und Verlag von R. Oldenbourg.

1904.

Inhaltsverzeichnis.

Einleitung.

Im Laufe der letzten Jahre hat sich unter den Betriebsmaschinen ein gewaltiger Umschwung vollzogen, indem bisher gering geschätzte an die ersten Stellen rückten und früher allein in Betracht kommende jetzt manches von ihrem Nimbus einbüſsten.

Auch einige neue Konstruktionen sind dazu gekommen, so daſs nicht nur mit Dampf- und Gasmotoren schlechtweg zu rechnen ist, sondern mit ortsfesten, wie lokomobilen Maschinen, mit Turbinen und Rotationsmaschinen, alles für Satt- und Heiſsdampf, ferner mit Abwärmekraft- oder Kaltdampfmaschinen, mit Diesel- und Bánkimotoren, sowie mit solchen für Leucht- und für Dowsongas etc.

Letzterer Name soll beibehalten werden, da alle andern, wie Kraft-, Misch-, Saug- oder Druckgas die Eigenschaften keineswegs erschöpfend bezeichnen und Dowson doch nun einmal die Ehre gebührt, den Weg zur billigen Bereitung brauchbaren Motorgases zuerst gezeigt zu haben.

Da der Zweck vorliegender Schrift eine kritische Beleuchtung der Vor- und Nachteile der verschiedenen Motorengattungen, insonderheit in bezug auf ihre Betriebskosten bildet, so soll auf Beschreibungen und Erläuterungen nicht weiter, als zum Verständnis erwünscht ist, eingegangen werden, sondern das Ganze sich ungefähr in dem Rahmen halten von des Verfassers früherer Schrift „Die Kosten der Betriebskräfte etc. etc.", so gewissermaſsen eine Vervollständigung derselben bildend.

Daſs eine solche Arbeit vielen willkommen sein wird, ist anzunehmen, daſs viele ihr aber trotzdem mit Miſstrauen entgegentreten und sie auch nicht in allen Punkten fehlerfrei sein wird, ist wahrscheinlich, sicher aber ist, daſs sie nur dann Anspruch auf Beachtung hat, wenn sie völlig parteilos Vorzüge und Mängel gegeneinander abwägt, und das soll in nachfolgendem versucht werden.

Für das praktische Leben pflegen alle andern Vorteile dem einen, der Billigkeit des Betriebes, untergeordnet zu werden, wobei man sich freilich oft genug gar nicht darüber klar ist, was derselbe alles kostet, und lediglich die Ausgaben für den Brennstoff in die Wagschale legt.

Ebenso häufig tritt der Fall ein, daſs der Besitzer einer Kraftanlage nicht weiſs, sondern höchstens vermutet, wie groſs sein Bedarf eigentlich ist, und infolgedessen auch nicht in der Lage ist zu sagen, wie hoch eine geleistete Pferdestärke ihm eigentlich zu stehen kommt, resp. ob der Preis derselben ein angemessener oder ein horrender ist. Und doch ist es mit Hilfe der Elektrizität oder eines v. Pittlerschen Arbeitszählers[1]) verhältnismäſsig leicht, sich darüber Gewiſsheit zu verschaffen und danach die erforderlichen Maſsnahmen zu treffen.

Neuanlagen dagegen müssen reichlich bemessen werden und sind daher in der Regel nur teilweise, oft auch ungleichförmig belastet, weshalb man für die meisten vorkommenden Fälle eine Beanspruchung zugrunde legen kann, welche etwa $3/4$ der normalen beträgt.

Hierfür ist jedoch der spezifische Brennstoffverbrauch, d. h. der pro Stunde und effektiv abgegebene Pferdestärke erforderliche, ein höherer, als bei Normalleistung, doch steigt er nicht gleichmäſsig für alle Maschinengattungen, sondern bei einer mehr, bei der andern weniger, weshalb er für jede einzeln, nach Versuchsergebnissen etc., zu ermitteln ist.

Die Gesamtleistung des in einem Motor wirkenden Gases, Dampfes etc. etc. setzt sich stets zusammen:

a) aus derjenigen für den Leerlauf, für Überwindung des eigenen, inneren Widerstandes,

b) aus derjenigen für die Kraftabgabe, d. h. für Bewältigung der äuſseren Arbeit,

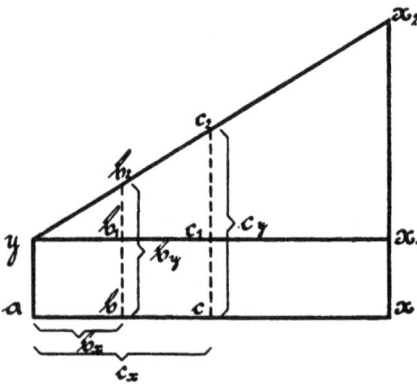

Fig. 1.

und wird dies am deutlichsten veranschaulicht durch nebenstehende Fig. 1, in welcher die Abscissen b_x, c_x etc. die äuſsere Leistung in Pferdestärken, die Ordinaten b_y, c_y etc. den entsprechenden Brennstoffaufwand darstellen.

Ist erstere $= 0$, also bei Leerlauf, so ist der Verbrauch $= ay$, wogegen er bei voller Leistung $= ax$ wächst auf xx_2, welcher zerfällt in die beiden Teile xx_1, für die innere verlorene und x_1, x_2 für die äuſsere abgegebene Arbeit.

Die Linie $y\,x_2$ stellt mithin das Wachsen des Brennstoffverbrauchs bei zunehmender Belastung dar, und bietet es sonach keine Schwierigkeit,

---

[1]) Dieselben werden gebaut von der Leipziger Werkzeug-Maschinen-Fabrik vorm. W. v. Pittler, Akt.-Ges., Wahren-Leipzig.

den Bedarf für irgendeine Beanspruchung aus demjenigen der leer laufenden und dem der mit voller Kraft arbeitenden Maschine festzustellen,
wenn man annimmt, daß er proportional der verrichteten Arbeit zunimmt.

Dies trifft jedoch nicht immer zu, indem für Dampfmaschinen guter
Ausführung, deren Leistung durch Verändern des Expansionsgrades ge-
regelt wird, die Linie $y\,x_2$ eine etwas
durchgebogene Gestalt annimmt, wie
Fig. 2 zeigt, und zwar derart, daß
der spezifisch günstigste Dampfverbrauch ungefähr bei 0,6 — 0,8 der
Maximalleistung liegt.

Bedenkt man indessen, daß die
Normalleistung $L_{norm.}$ stets kleiner, als
die Maximalleistung $L_{max.}$ ist, so
findet man, daß die Linie zwischen
halber und voller Normalleistung
so wenig von einer Geraden abweicht,
daß es für vorliegende Zwecke ohne
Belang bleibt.

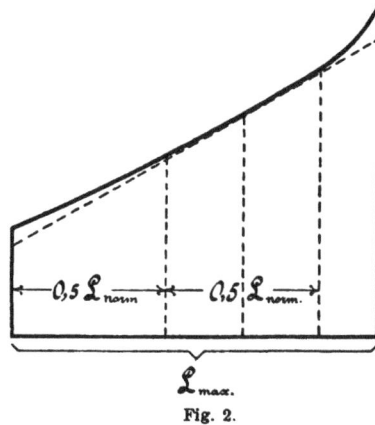

Fig. 2.

Für die übrigen Dampfmaschinen und alle Gasmotoren wächst der
Verbrauch nahezu proportional der Leistung, so daß die Linie $y\,x_2$, welche
diese Zunahme darstellt, als gerade angesehen werden kann, ohne einen
großen Fehler zu begehen.

Von vielen Maschinen ist bekannt, wieviel sie bei voller und halber
Belastung benötigen, von andern weiß man, was sie bei Voll- und Leerlauf verbrauchen, endlich gibt die Rechnung Anhalte, so daß vollauf Material zur Verfügung steht, um für die verschiedenen Maschinengattungen
die Verbrauchsziffern für volle und halbe und daraus, als arithmetisches
Mittel, auch für Dreiviertel-Beanspruchung festlegen zu können.

Außerdem verdanke ich dem Entgegenkommen mehrerer hervorragender Spezialfirmen eine Anzahl von Prüfungsergebnissen, wofür ich
an dieser Stelle meinen verbindlichsten Dank ausspreche.

Die genaue Betrachtung der Fig. 1 läßt deutlich erkennen, daß diejenige Maschine, deren Leerlaufarbeit hoch ist, bei teilweiser Belastung
relativ ungünstiger funktionieren muß, als solche mit geringem Leerlaufs-
bedarf, was z. B. durch Gasmotoren mit Viertakt und schwerem Schwung-
rad bestätigt wird, wenn auch der Unterschied nicht so arg ist, als man
nach manchen Veröffentlichungen glauben sollte, sondern ist diese un-
zutreffende Vorstellung darauf zurück zu führen, daß bei allen stationären
Dampfmaschinen die Verbrauchs- und Leistungsziffern auf »indizierte«,
bei Lokomobilen, Gasmotoren etc. aber auf »effektive« (gebremste) Pferdestärke bezogen werden.

1*

Nachdem wir, wie schon erwähnt, in der Lage sind, heute durch
Elektrizität die meisten Maschinen meſsbar belasten zu können, erscheint
es wünschenswert, jetzt auch alle, für Anlage und Beschaffung erforderlichen Daten auf effektive Pferdestärken, à 75 Sekunden-Kilogrammeter,
zu beziehen, und dadurch manchen Verwirrungen und Irrtümern in der
Praxis vorzubeugen.

Um dem, in ihr stehenden Techniker und Ingenieur die häufig an
ihn herantretende Aufgabe, ein Urteil über die eine oder andere Betriebskraft geben zu müssen, zu erleichtern, sowie um dem Interessenten die
Möglichkeit zu bieten, sich verhältnismäſsig schnell ein Bild von der
Verwendbarkeit einer derselben zu machen, sind die folgenden Tabellen
berechnet, welche für die einzelnen Maschinengattungen auſser dem Aufwand für die Vollast auch denjenigen bei halber und Dreiviertel-Beanspruchung enthalten, um so nach bestem Ermessen das eine oder andere
einsetzen zu können, und zwar sind die Ergebnisse für verschieden lange
tägliche Arbeitszeiten bei 300 jährlichen Arbeitstagen aufgenommen für
Gröſsen von 10—100 PS. — Der Vollständigkeit wegen sind die betr.
Werte der Gas- und Dampfmotoren bei Vollbelastung, welche sich bereits in den »Betriebskosten« finden, hier nochmals wieder gegeben.

I. Brennstoffverbrauch.

A. Leuchtgasmotoren.

Tabelle 1.
Verbrauch an Leuchtgas in Litern pro Stunde:

Gröſse in PS	10	20	30	40	50	60	80	100
bei Nennleistung. . .	650	625	600	575	575	550	550	550
bei ¹/₂ Nennleistung .	950	900	850	800	775	750	750	750

Tabelle 2.
Jährlicher Verbrauch von Leucht-Gasmotoren bei 300 Arbeitstagen.
Die Zahlen geben, mit 10 multipliziert, den Aufwand in Kubikmetern, dagegen
direkt die Jahreskosten in Reichsmark, bei einem Gaspreis von 10 Pf. per
Kubikmeter.

a) Volle Belastung.

Tägliche Betriebszeit in Stunden	Gröſse der Motoren							
	10	20	30	40	50	60	80	100 PS
2	390	750	1080	1380	1725	1980	2640	3120
4	780	1500	2160	2760	3450	3960	5280	6240
6	1170	2250	3240	4140	5175	5940	7920	9360

Tägliche Betriebs-zeit in Stunden	Gröfse der Motoren							
	10	20	30	40	50	60	80	100 PS
8	1560	3000	4320	5520	6901	7920	10560	12480
10	1950	3750	5400	6900	8625	9900	13200	15600
12	2340	4500	6480	8280	10350	11880	15840	18720
18	3510	6750	9720	12420	15525	17820	23760	28080
21	4095	7875	11340	14490	18112	20790	27720	32760
24	4680	9000	12960	16560	20700	23760	31680	37440

b) Halbe Belastung.

2	285	540	765	960	1163	1350	1800	2250
4	570	1080	1530	1920	2325	2700	3600	4500
6	855	1620	2295	2880	3488	4050	5400	6750
8	1140	2160	3060	3840	4650	5400	7200	9000
10	1425	2700	3825	4800	5813	6750	9000	11250
12	1710	3240	4590	5760	6975	8100	10800	13500
18	2565	4860	6885	8640	10463	12150	16200	20250
21	2993	5670	8033	10080	12206	14175	18900	23625
24	3420	6480	9180	11520	13950	16200	21600	27000

c) Dreiviertel-Belastung.

2	338	645	923	1170	1444	1665	2220	2685
4	675	1290	1845	2340	2888	3330	4440	5370
6	1013	1935	2768	3510	4332	4995	6660	8055
8	1350	2580	3690	4680	5776	6660	8880	10740
10	1688	3225	4613	5850	7219	8325	11100	13425
12	2025	3870	5535	7020	8663	9990	13320	16110
18	3038	5805	8303	10530	12994	14985	19980	24165
21	3544	6773	9687	12285	15159	17483	23310	28193
24	4050	7740	11070	14040	17325	19980	26640	32220

B. Sattdampfmaschinen.

Verbrauch pro Stunde und effektive Pferdestärke in kg.

Tabelle 3.

Größe in PS	10	20	30	40	50	60	80	100
a) Auspuffmaschinen:								
bei voller Nennleistung	24	22	20	18,5	17,5	17	16,5	16
» halber »	32	28	25	23	22	21	20	19
b) Kondensations-maschinen:								
bei voller Nennleistung	—	—	15	14	—	13,5	13	12,5
» halber »	—	—	18	16	—	15	14,5	14
c) Compound-Konden-sationsmaschinen:								
bei voller Nennleistung	—	—	—	—	—	10,3	10	9,6
» halber »	—	—	—	—	—	12,5	12,25	12

Die Zahlen für halbe Belastung sind großenteils vorhandenen Versuchsdaten entnommen, jedoch vervollständigt und korrigiert nach dem Grundsatze, daß eine Leistung, welche durch eine normal belastete Maschine verrichtet wird, weniger, und jedenfalls nicht mehr an Brennstoff benötigt, als wenn sie durch eine doppelt so große, aber nur mit halber Beanspruchung arbeitende Betriebskraft gleicher Art zu bewirken ist.

In allen Tabellen über den Verbrauch von durch Dampf getriebenen Motoren ist der, durch das Anheizen etc. erforderliche Mehraufwand nach den, in den »Betriebskosten etc.« angegebenen Regeln berechnet.

Tabelle 4.

Verbrauch an Dampf in Tonnen, bzw. Kosten desselben in Mark, bei einem Dampfpreis von M 1 per Tonne, in einem Jahr von 300 Arbeitstagen.

A. Auspuffmaschinen.

1. Volle Normalbelastung.

Tägliche Betriebs-zeit in Stunden	Größe in Pferdestärken							
	10	20	30	40	50	60	80	100
2	262	480	654	807	954	1112	1439	1744
4	401	735	1002	1236	1461	1703	2204	2672
6	540	990	1350	1665	1968	2295	2970	3600
8	679	1245	1698	2094	2476	2887	3736	4528
10	818	1501	2046	2523	2984	3478	4501	5456
12	957	1756	2394	2953	3491	4070	5267	6384
18	1368	2508	3420	4218	4987	5814	7524	9120
21	1570	2878	3924	4840	5722	6671	8633	10464
24	1752	3212	4380	5402	6387	7446	9636	11680

2. Halbe Belastung.

Tägliche Betriebszeit in Stunden	Gröfse in Pferdestärken							
	10	20	30	40	50	60	80	100
2	174	305	409	501	600	687	872	1036
4	267	468	626	768	919	1052	1336	1587
6	360	630	844	1035	1238	1418	1800	2138
8	453	792	1061	1302	1557	1783	2264	2689
10	546	955	1279	1569	1876	2148	2728	3240
12	638	1117	1496	1835	2195	2514	3192	3791
18	912	1596	2138	2622	3135	3591	4560	5415
21	1046	1831	2453	3008	3597	4120	5232	6213
24	1168	2044	2738	3358	4015	4599	5840	6935

3. Dreiviertel-Belastung.

	10	20	30	40	50	60	80	100
2	218	393	532	654	777	900	1156	1390
4	334	602	814	1002	1190	1378	1770	2130
6	450	810	1097	1350	1603	1857	2385	2869
8	566	1019	1380	1698	2017	2335	3000	3609
10	682	1228	1663	2046	2430	2813	3615	4348
12	798	1437	1945	2394	2843	3292	4230	5088
18	1140	2052	2779	3420	4061	4703	6042	7268
21	1308	2355	3189	3924	4660	5396	6933	8339
24	1460	2628	3559	4380	5201	6023	7738	9308

Tabelle 5.

Verbrauch an Dampf in Tonnen, bzw. Kosten desselben in Mark, bei einem Dampfpreis von M. 1 per Tonne, in einem Jahr von 300 Arbeitstagen.

B. Kondensationsmaschinen.

1. Volle Normalleistung.

Tägliche Betriebszeit in Stunden	Gröfse in effektiven Pferdestärken							
	Einzylindrige Kondensationsmaschinen					Compound-Kondens.-Maschine		
	30	40	60	80	100	60	80	100
2	490	610	883	1134	1362	674	872	1046
4	751	935	1353	1737	2087	1032	1336	1603
6	1012	1260	1822	2340	2812	1390	1800	2160
8	1273	1585	2292	2943	3537	1749	2264	2717
10	1534	1910	2762	3546	4262	2107	2728	3274
12	1795	2234	3232	4150	4987	2466	3192	3830
18	2565	3192	4617	5928	7125	3523	4560	5472
21	2943	3662	5297	6802	8175	4042	5232	6278
24	3285	4088	5913	7592	9125	4511	5840	7008

2. Halbe Belastung.

Tägliche Betriebszeit in Stunden	Gröfse in effektiven Pferdestärken							
	Einzylindrige Kondensationsmaschinen					Compound-Kondens.-Maschinen		
	30	40	60	80	100	60	80	100
2	294	349	491	632	763	409	534	654
4	451	534	752	969	1159	626	818	1002
6	608	720	1013	1305	1575	844	1103	1350
8	764	906	1274	1641	1981	1061	1387	1698
10	921	1091	1535	1978	2387	1279	1671	2046
12	1077	1277	1796	2314	2793	1496	1955	2394
18	1539	1824	2565	3306	3990	2138	2793	3420
21	1766	2093	2943	3793	4578	2453	3205	3924
24	1971	2336	3285	4234	5110	2738	3577	4380

3. Dreiviertel-Belastung.

2	392	480	687	883	1013	542	703	850
4	601	735	1053	1353	1628	829	1077	1303
6	810	990	1418	1823	2194	1117	1452	1755
8	1019	1246	1783	2292	2759	1405	1826	2208
10	1228	1501	2149	2762	3325	1693	2200	2660
12	1436	1756	2514	3232	3890	1981	2574	3107
18	2052	2508	3591	4617	5558	2831	3677	4446
21	2355	2878	4120	5298	6377	3248	4219	5101
24	2628	3212	4599	5913	7118	3625	4709	5694

C. Heifsdampfmaschinen.

Die Überhitzung gewöhnlichen Kesseldampfes besteht darin, dafs man ihm in besonderen Apparaten eine höhere Temperatur erteilt, als seiner Spannung entspricht; sie hat sich immer als vorteilhaft für motorische Zwecke erwiesen, wenn sie, bei richtiger Überhitzerausführung, soweit getrieben wird, als es das für Rohrleitung und Maschinenteile verwendete Material, sowie die Schmier- und Abdichtungsmittel erlauben.

Die äufserste Grenze hierfür liegt heute bei ca. 350⁰ C, für welche Temperatur noch brauchbare Zylinderöle geliefert werden können, doch zieht man meistens der Sicherheit wegen vor, nicht über 300⁰ C hinauszugehen, wenn auch die Dampfersparnis mit zunehmender Überhitzung wächst.

Von dieser streng zu unterscheiden ist jedoch die Ersparnis an Brennstoff, für welche die Einrichtungen und Verhältnisse der Dampfbildung, also der Kessel- und Überhitzeranlage, in Frage kommen, neben dem Wärmewert des Dampfes selbst.

Es mufs jedoch für unsere Zwecke Kessel, Überhitzer, Rohrleitung und Maschine als ein Ganzes angesehen und behandelt werden, wobei Konstruktionseinzelheiten unberücksichtigt zu lassen sind, aber auch alles, was sich auf nachträglich für Heifsdampfbetrieb umgebaute Maschinen bezieht.

Erwähnt soll nur werden, dafs die Kessel weit kleiner ausfallen, als für Maschinen gleicher Leistung, welche mit gesättigtem Dampf betrieben werden, einmal, weil der Verbrauch an sich ein geringerer ist und ferner, weil die Kesselheizfläche durch die sich daran schliefsende Überhitzerheizfläche sehr bedeutend entlastet wird. — Die letztere mufs infolge der verlangten hohen Dampftemperatur möglichst nahe der Feuerstelle, also zwischen erstem und zweitem, bzw. parallel dem ersten Zug derart eingeschaltet werden, dafs sie vor Beginn des Betriebes von der Umspülung durch die Feuergase ausgeschaltet oder bis dahin von Wasser durchflossen werden kann. Für ihre Herstellung kommen immer mehr Röhren aus Flufseisen in Aufnahme und soll in ihnen die Geschwindigkeit des durchgeführten Dampfes im Durchschnitt etwa 15 m betragen;[1]) nach Schenkel[2]) soll sie in den Rohrleitungen zur Maschine sogar nicht unter 50 m sein, so dafs diese also verhältnismäfsig eng werden.

Da der in den Kesseln erzeugte Dampf häufig aber nicht allein zum Betriebe von Maschinen, sondern auch zu Heizzwecken der verschiedensten Art dienen mufs, so tritt die Frage auf, wie er sich hierfür eignet, wenn er überhitzt wird. — Prüft man die Art und Weise genauer, in welcher die Wärmeübertragung vor sich geht, so findet man, dafs es in zwei verschiedenen Formen geschieht; in der einen bläst man den Dampf direkt in die zu erwärmende Flüssigkeit hinein, wozu sich überhitzter und gesättigter gleich gut eignen, indem das entstehende Gemisch immer die Gesamtwärme von Dampf und Flüssigkeit enthält, letztere dagegen bei Anwendung überhitzten Dampfes etwas weniger verdünnt wird.

Die andere Methode besteht darin, dafs man den Heizdampf in Rohrspiralen, Doppelböden, Heizkörper etc. leitet, so dafs er n i c h t in direkte Berührung mit der zu erwärmenden Flüssigkeit tritt.

In dieser Anwendung hat sich überhitzter Dampf nicht bewährt, speziell wohl deshalb, weil dabei ein grofser Teil der Heizflächen trocken bleibt, und diese wesentlich schlechter die Wärme übertragen, als feuchte.

Für solche Zwecke mufs man den Heizdampf dem Kessel besonders entnehmen und nicht mit durch den Überhitzer gehen lassen, doch soll nicht unerwähnt bleiben, dafs der Auspuffdampf von Heifsdampfmaschinen niemals mehr überhitzt ist, dafs er sich also gerade so verhält, wie der von gewöhnlichen Sattdampfmaschinen.

Ehe wir zum wirklichen Verbrauch an Heifsdampf von speziell hierfür gebauten Auspuff-, Kondensations- und Compound-Kondensations-

---

[1]) Berner, Zeitschr. d. Ver. D. Ing. 1903, S. 1587.
[2]) Schenkel, Der überhitzte Wasserdampf.

maschinen übergehen, haben wir uns zu vergegenwärtigen, daſs der Wärmewert desselben ein ganz anderer ist, als der des Sattdampfes von gleicher
Spannung. Unter Wärmewert sei diejenige Menge Wärme verstanden,
welche erforderlich ist, um 1 kg des betreffenden Dampfes zu erzeugen,
welche bei seiner Kondensation also auch wieder disponibel wird.

Angenommen, das Speisewasser habe eine Temperatur von 30⁰ C
(aus dem Vorwärmer oder dem Kondensator), die Überhitzung werde bis
zu 325⁰ C getrieben und die spez. Wärme des Dampfes sei 0,60 nach
dem Vorschlage von Bach[1]), so gestalten sich die Verhältnisse ungefähr
laut Tabelle 9, wenn man einen Feuchtigkeitsgehalt von 5 % für den
gesättigten Dampf zugrunde legt, den überhitzten dagegen als trocken ansieht.

Es ist nämlich in einem Falle:

$J = 0,95\,(w-30) + 0,5\,(w_1-30)$ und im andern $J_1 = w - 30 + 0,6$
$(325 - w_1)$, worin J den Wärmewert des gesättigten, J_1 den des Heiſs-
dampfes bezeichnet und w die Gesamt-, w_1 die Flüssigkeitswärme des
erstern bei der betreffenden Spannung.

Tabelle 6.
Verhältnis der Wärmewerte von gesättigtem zu überhitztem Dampf.

Absolute Dampf-spannung	Sattdampf von 5 % Feuchtigkeit		Überhitzter trockener Dampf		Verhältnis der Wärmewerte
	Temperatur	Wärmewert	Temperatur	Wärmewert	
6	159⁰ C	600 WE.	325⁰ C	725 WE.	1 : 1,21
7	165 ›	602 ›	325 ›	723 ›	1 : 1,20
8	171 ›	604 ›	325 ›	721 ›	1 : 1,19
9	176 ›	606 ›	325 ›	719 ›	1 : 1,18
11	184 ›	609 ›	325 ›	717 ›	1 : 1,18
13	192 ›	610 ›	325 ›	715 ›	1 : 1,17

Natürlich beruht die Annahme von 5 % Dampffeuchtigkeit nur auf
Schätzung, entspricht aber mehr den Verhältnissen der Praxis, als die
Voraussetzung absolut trockenen Dampfes, was bei Feststellung der Ver-
brauchsziffern von Sattdampfmaschinen bereits Berücksichtigung fand.

Ebenso wird allgemein zugegeben, daſs der gebräuchliche Wert für
die spez. Wärme überhitzten Dampfes = 0,48 zu niedrig gegriffen ist,
ohne daſs jedoch daran geändert wurde.

Es dürfen mithin die in Tab. 9 errechneten Werte als der Wirklich-
keit am nächsten kommend angesehen werden und erkennen wir somit,
daſs der Heiſsdampf einen um 17—21 % höheren Heizwert hat, zu dessen

[1]) Zeitschr. d. Vereins D. Ing. 1902, Seite 730. Da die bisherige Annahme
von 0,48 anerkanntermaſsen zu niedrig für die in Frage kommenden Temperaturen ist, dürfte der Vorschlag des bewährten Forschers unbedenklich zu ak-
zeptieren sein.

Erzeugung auch ein 17—21 % gröfserer Brennstoffaufwand nötig ist, als für Sattdampf von gleicher Spannung, wenn man für ihre Dampferzeuger den gleichen Wirkungsgrad annimmt, was bei der heutigen Ausbildung von Kesseln mit und ohne Überhitzer ohne weiteres statthaft ist.

Dies vorausgeschickt, können wir zur Aufstellung des Verbrauchs von Heifsdampfmaschinen, umgerechnet auf Sattdampf, schreiten.

Tabelle 7.

Verbrauch von Heifsdampfmaschinen an Heifsdampf pro Stunde und Pferdestärke in kg.

Gröfse in PS	10	20	30	40	50	60	80	100
Auspuffmaschinen								
pro indizierte PS .	11	10	9,4	8,8	8,4	8,2	8	7,9
» effektive » .	14.2	12,8	11,7	11	10,5	10,2	10	9,8
Kondensations-maschinen								
pro indizierte PS	—	—	7,2	6,9	—	6,7	6,6	6,5
» effektive » .	—	—	9	8,6	—	8,4	8,2	8
Compound-Kondensationsmaschinen								
pro indizierte PS .	—	—	—	—	—	5,4	5,3	5,2
» effektive » .	—	—	—	—	—	6,6	6,4	6,2

Tabelle 8.

Verbrauch von Heifsdampfmaschinen pro Stunde und effektive Pferdestärke in kg, bei voller und halber Normalleistung, einschliefslich Verlust in den Rohrleitungen und für Dauerbetrieb,

bezogen auf gesättigten Dampf.

Gröfse in PS	10	20	30	40	50	60	80	100
Auspuffmaschinen								
Volle Normalleistung	18	16	14,7	14	13,5	13	12,6	12,3
Halbe »	22,5	19,5	17,5	16,7	16	15,5	15	14,5
Kondensations-maschinen								
Volle Normalleistung	—	—	11,3	10,8	—	10,2	10	9,8
Halbe »	—	—	13,5	12,5	—	12	11,5	11
Compound-Kondensationsmaschinen								
Volle Normalleistung	—	—	—	—	—	8,2	8	7,8
Halbe »	—	—	—	—	—	9,8	9,5	9,2

Tabelle 9.

A. Heifsdampf-Auspuffmaschinen.

Jährlicher Dampfverbrauch, bezogen auf gesättigten Dampf in Tonnen à 1000 kg bei 300 Arbeitstagen, bzw. jährliche Kosten in Mark, bei einem Dampfpreis von M. 1 per Tonne.

1. Volle Nennleistung.

Tägliche Betriebs- zeit in Stunden	Gröfse in Pferdestärken							
	10	20	30	40	50	60	80	100
2	196	349	481	610	736	850	1099	1341
4	301	534	736	935	1127	1303	1683	2054
6	405	720	992	1260	1519	1755	2268	2768
8	509	906	1248	1585	1910	2207	2853	3481
10	614	1091	1504	1910	2302	2660	3437	4194
12	718	1277	1760	2234	2693	3112	4022	4908
18	1026	1824	2514	3192	3848	4446	5746	7011
21	1177	2093	2884	3662	4415	5101	6592	8044
24	1314	2336	3219	4088	4928	5694	7358	8979

2. Halbe Belastung.

	10	20	30	40	50	60	80	100
2	123	213	286	364	436	507	654	790
4	188	326	438	558	668	777	1002	1211
6	253	439	591	752	900	1046	1350	1631
8	318	552	743	945	1132	1316	1698	2052
10	383	665	895	1139	1364	1586	2046	2472
12	448	778	1047	1333	1596	1855	2394	2893
18	641	1112	1496	1904	2280	2651	3420	4133
21	735	1275	1717	2184	2616	3041	3924	4742
24	821	1424	1916	2438	2920	3395	4380	5293

3. Dreiviertel-Belastung.

	10	20	30	40	50	60	80	100
2	160	281	384	487	586	679	877	1066
4	245	430	587	747	898	1040	1343	1633
6	329	580	792	1006	1210	1401	1809	2200
8	414	729	996	1265	1521	1762	2276	2767
10	499	1378	1200	1525	1833	2123	1742	3333
12	583	1028	1404	1784	2145	2484	3208	3901
18	834	1468	2005	2548	3064	3549	4583	5572
21	956	1684	2301	2923	3516	4071	5258	6393
24	1068	1880	2568	3263	3924	4545	5869	7136

Tabelle 10.

B. Heiſsdampf-Kondensationsmaschinen.

Jährlicher Dampfverbrauch, bezogen auf gesättigten Dampf in Tonnen à 1000 kg bei 300 Arbeitstagen, bzw. jährliche Kosten in Mark, bei einem Dampfpreis von M. 1 per Tonne.

1. Volle Nennleistung.

Tägliche Betriebszeit in Stunden	Gröſse in Pferdestärken							
	Einzylindrige Kondensationsmaschinen					Compound-Kondens.-Maschinen		
	30	40	60	80	100	60	80	100
2	370	471	667	872	1068	536	698	850
4	566	721	1022	1336	1637	822	1069	1303
6	763	972	1377	1800	2205	1107	1440	1755
8	959	1223	1732	2264	2773	1392	1811	2207
10	1156	1473	2087	2728	3342	1678	2182	2660
12	1353	1724	2442	3192	3910	1963	2554	3112
18	1932	2462	3488	4560	5586	2804	3648	4446
21	2217	2825	4002	5232	6409	3218	4186	5101
24	2475	3154	4468	5840	7154	3592	4672	5694

2. Halbe Belastung.

2	221	273	392	501	600	321	414	501
4	338	418	601	768	919	491	635	768
6	456	563	810	1035	1238	662	855	1035
8	573	708	1019	1302	1557	832	1075	1302
10	691	853	1228	1569	1876	1003	1296	1569
12	808	998	1436	1835	2195	1173	1518	1835
18	1154	1425	2052	2622	3135	1676	2166	2622
21	1324	1635	2354	3008	3597	1923	2485	3008
24	1478	1825	2628	3358	4015	2146	2774	3358

3. Dreiviertel-Belastung.

2	296	372	530	687	834	429	556	676
4	452	570	812	1052	1278	657	852	1036
6	610	768	1094	1418	1222	885	1148	1395
8	766	966	1376	1783	2165	1112	1443	1755
10	924	1163	1658	2149	2609	1341	1739	2115
12	1081	1361	1939	2514	3053	1568	2036	2474
18	1543	1944	2770	3591	4361	2240	2907	3534
21	1771	2230	3178	4120	5003	2571	3336	4055
24	1977	2490	3548	4599	5585	2869	3723	4526

D. Exakte Lokomobilen.

Obgleich solche nichts anderes sind, als mit dem Kessel zusammengebaute Dampfmaschinen und somit anscheinend keine besondere Behandlung erfordern, so bietet dieser Zusammenbau doch manche große Vorteile in bezug auf den Dampfverbrauch durch Fortfall aller Dampfzuleitungen, durch Vermeiden der Abkühlungsverluste in den Zylindern, welche direkt in den Dampfraum gelegt werden können, und durch die Möglichkeit, sehr hohe Betriebsspannungen zu verwenden, infolge der hierfür besonders geeigneten Kesselkonstruktion.

Werden nun diese Vorzüge durch tadellose Ausführung der Einzelheiten ausgenützt, wie solches von einer Reihe deutscher Firmen, wie R. Wolf, Magdeburg, Garrett Shmith & Co., Magdeburg, Heinrich Lanz, Mannheim etc. geschieht, so entsteht ein Fabrikat, welches zu den erstklassigsten Krafterzeugern gerechnet werden muß.

Nur auf in diesem Sinne erstellte und vor allem auch gewartete Lokomobilen beziehen sich die folgenden Tabellen, nicht auf minderwertige Ausführungen oder eine Wartung von zweifelhafter Güte, indem sowohl der Kessel verhältnismäßig empfindlich gegen ungeeignetes Wasser, als auch die Maschine gegen ungeeignetes Öl ist, da alle ihre Teile schon eine gewisse Wärme vom Kessel aus annehmen, und können diese beiden Punkte gelegentlich sehr ins Gewicht fallen.

Im übrigen enthalten die Tabellenwerte einen gewissen Zuschlag für Dauerbetrieb etc. gegenüber den von den Erzeugern gegebenen Garantien.

Tabelle 11.

Dampfverbrauch von Lokomobilen bei voller und halber Normalleistung pro Stunde und effektive Pferdestärke in kg.

Betriebsspannung: 9—12 Atm. Überdruck.

A. Sattdampfbetrieb.

Größe in PS	10	20	30	40	50	60	80	100
Auspufflokomobilen mit einem Zylinder.								
volle Normalleistung .	15,5	15	14,5	14	—	—	—	—
halbe do. .	19	18	17	16,5	—	—	—	—
Compound-Auspufflokomobilen.								
volle Normalleistung .	—	—	12	11,8	11,6	11,4	11,2	11
halbe do. .	—	—	14,4	14,2	13,8	13,6	13,4	13,2
Compound-Kondensationslokomobilen.								
volle Normalleistung .	—	—	9	8,8	8,6	8,4	8,2	8
halbe do. .	—	—	10,8	10,6	10,3	10	9,8	9,6

B. Heifsdampfbetrieb, bezogen auf gesättigten Dampf.

Gröfse in PS	10	20	30	40	50	60	80	100

Einzylindrige Auspufflokomobilen.

volle Normalleistung .	—	—	12	11,8	11,6	11,4	11,3	11,2
halbe do. .	—	—	14,4	14,2	13,8	13,6	13,4	13,2

Compound-Auspufflokomobilen.

volle Normalleistung .	—	—	—	—	10,6	10,4	10,2	10
halbe do. .	—	—	—	—	12,7	12,5	12,3	12

Compound-Kondensationslokomobilen.

volle Normalleistung .	—	—	—	—	8,2	7,9	7,6	7,4
halbe do. .	—	—	—	—	9,8	9,4	9,1	8,8

Tabelle 12.

Verbrauch an Dampf in Tonnen, bzw. Kosten desselben in Mark, bei einem Dampfpreis von M. 1 pro Tonne.

A. Sattdampflokomobilen mit freiem Auspuff.

1. Volle Normalleistung.

Jährliche Betriebszeit in Stunden	Gröfse in effektiven Pferdestärken							
	Einzylindrige Auspufflokomobilen				Compound-Auspufflokomobilen			
	10	20	30	40	40	60	80	100
2	169	327	474	610	514	746	977	1199
4	259	501	726	935	788	1142	1496	1837
6	349	675	978	1260	1062	1539	2016	2475
8	439	849	1231	1585	1336	1936	2536	3113
10	529	1023	1483	1910	1610	2332	3055	3751
12	619	1197	1736	2234	1883	2729	3575	4389
18	883	1710	2479	3192	2690	3899	5107	6270
21	1013	1962	2845	3662	3087	4473	5860	7194
24	1131	2190	3175	4088	3446	4993	6541	8030

2. Halbe Belastung.

2	104	196	272	360	310	445	584	719
4	159	301	417	551	474	686	895	1102
6	214	405	562	743	639	918	1206	1485
8	269	509	707	934	804	1155	1517	1668
10	324	614	852	1125	968	1391	1828	2251
12	379	718	997	1317	1133	1628	2139	2633
18	541	1026	1454	1881	1619	2326	3055	3762
21	621	1177	1668	2158	1857	2668	3505	4316
24	693	1314	1836	2409	2073	2978	3913	4818

3. Dreiviertel-Belastung.

Jährliche Betriebszeit in Stunden	Gröfse in effektiven Pferdestärken							
	Einzylindrige Auspufflokomobilen				Compound-Auspufflokomobilen			
	10	20	30	40	40	60	80	100
2	137	262	373	485	412	596	781	959
4	209	401	572	743	631	914	1196	1470
6	282	540	770	1002	851	1229	1611	1980
8	354	679	969	1260	1070	1546	2027	2391
10	427	819	1168	1518	1289	1862	2442	3001
12	499	958	1367	1776	1508	2179	2857	3511
18	712	1368	1967	2537	2155	3113	4081	5016
21	817	1570	2257	2910	2472	3571	4683	5755
24	912	1752	2506	3249	2760	3986	5227	6424

Tabelle 13.

B. Heifsdampflokomobilen mit freiem Auspuff, bezogen auf Sattdampf.

1. Volle Normalleistung.

Tägliche Betriebszeit in Stunden	Gröfse in effektiven Pferdestärken							
	Einzylindrige Auspufflokomobilen					Compound-Auspufflokomobilen		
	30	40	60	80	100	60	80	100
2	392	514	746	985	1221	680	889	1090
4	601	788	1142	1510	1870	1042	1363	1670
6	810	1062	1539	2034	2520	1404	1836	2250
8	1019	1336	1936	2558	3170	1766	2309	2830
10	1228	1610	2332	3083	3819	2128	2783	3410
12	1436	1883	2729	3607	4469	2490	3256	3990
18	2052	2690	3899	5153	6384	3557	4651	5700
21	2354	3087	4473	5912	7325	4081	5337	6540
24	2628	3446	4993	6599	8176	4555	5957	7300

2. Halbe Belastung.

2	235	310	445	584	719	409	536	654
4	361	474	686	895	1102	626	822	1002
6	486	639	918	1206	1485	844	1107	1350
8	611	804	1155	1517	1868	1061	1393	1698
10	737	968	1391	1828	2251	1279	1678	2046
12	862	1133	1628	2139	2633	1496	1963	2394
18	1231	1619	2326	3055	3762	2138	2804	3420
21	1413	1857	2668	3505	4316	2453	3218	3924
24	1577	2073	2978	3913	4818	2738	3592	4380

3. Dreiviertel-Belastung.

Tägliche Betriebszeit in Stunden	Gröfse in effektiven Pferdestärken							
	Einzylindrige Auspufflokomobilen					Compound-Auspufflokomobilen		
	30	40	60	80	100	60	80	100
2	314	412	596	785	970	545	713	872
4	481	631	914	1203	1486	834	1093	1336
6	648	851	1229	1620	2003	1124	1472	1800
8	815	1070	1546	2038	2519	1414	1851	2264
10	983	1289	1862	2456	3035	1704	2231	2728
12	1149	1508	2179	2873	3551	1993	2610	3192
18	1642	2155	3113	4104	5073	2848	3728	4560
21	1884	2472	3571	4709	5821	3267	4278	5232
24	2103	2760	3986	5256	6497	3647	4775	5840

Tabelle 14.

C. Compoundlokomobilen für Nafsdampf mit Kondensation.

1. Volle Normalleistung.

Tägliche Betriebszeit in Stunden	Gröfse in Pferdestärken				
	30	40	60	80	100
2	294	384	549	715	872
4	451	588	842	1095	1336
6	607	792	1134	1476	1800
8	764	996	1426	1856	2264
10	921	1200	1719	2237	2728
12	1077	1404	2011	2617	3192
18	1539	2006	2873	3739	4560
21	1766	2302	3296	4291	5232
24	1971	2570	3679	4789	5840

2. Halbe Belastung.

	30	40	60	80	100
2	177	231	327	427	523
4	271	354	501	655	802
6	365	477	675	882	1080
8	458	600	849	1109	1358
10	552	723	1023	1337	1637
12	646	846	1197	1564	1915
18	923	1208	1710	2234	2736
21	1059	1386	1962	2564	3139
24	1183	1548	2190	2862	3504

3. Dreiviertel-Belastung.

Tägliche Betriebs-zeit in Stunden	Gröfse in Pferdestärken				
	30	40	60	80	100
2	236	308	438	571	698
4	361	471	672	875	1069
6	486	635	905	1179	1440
8	611	798	1138	1483	1811
10	737	962	1371	1787	2183
12	862	1125	1604	2091	2554
18	1231	1607	2292	2987	3648
21	1413	1844	2629	3428	4186
24	1577	2059	2935	3826	4672

Tabelle 15.

D. Heifsdampf - Compoundlokomobilen mit Kondensation, bezogen auf Sattdampf.

1. Volle Normalleistung.

Tägliche Betriebs-zeit in Stunden	Gröfse in Pferdestärken			
	50	60	80	100
2	447	517	663	807
4	685	792	1015	1236
6	923	1067	1368	1665
8	1160	1341	1721	2094
10	1398	1616	2073	2523
12	1636	1891	2426	2953
18	2337	2702	3466	4218
21	2681	3100	3976	4840
24	2993	3460	4438	5402

2. Halbe Belastung.

	50	60	80	100
2	267	307	397	480
4	409	471	608	735
6	551	635	819	990
8	693	798	1030	1245
10	835	962	1241	1500
12	978	1125	1452	1756
18	1397	1607	2075	2508
21	1602	1844	2381	2878
24	1789	2059	2657	3212

3. Dreiviertel-Belastung.

Tägliche Betriebs- zeit in Stunden	Gröſse in Pferdestärken			
	50	60	80	100
2	357	412	530	644
4	547	632	812	986
6	737	851	1094	1328
8	927	1070	1376	1670
10	1117	1289	1657	2012
12	1307	1508	1939	2355
18	1867	2155	2771	3363
21	2142	2472	3179	3859
24	2391	2760	3548	4307

E. Dampfturbinen.

Von diesen Kraftmaschinen haben in Deutschland hauptsächlich zwei Systeme Fuſs gefaſst, doch gewinnt es den Anschein, als ob jetzt, nachdem eine Reihe hervorragender Resultate bekannt geworden sind, verschiedene Werke diesen Fabrikationszweig aufnehmen wollen, so daſs bald noch mehr Konstruktionen in Frage kommen können.

Die beiden oben erwähnten sind die de Lavalturbine, welche von der Maschinenbauanstalt Humboldt, Kalk bei Köln a. Rh. vertrieben und die Parsonturbine, welche von der Firma Brown, Boveri & Co., Akt.-Ges., Mannheim, hergestellt wird.[1]

Erstere ist eine Art Tangentialrad mit seitlicher Beaufschlagung, in welches der Dampf aus einer Anzahl, am Radumfang liegenden Düsen strömt und die ihm innewohnende Energie daran abgibt, wogegen letztere als Radialturbine gebaut wird, bestehend aus einer Anzahl Räder, welche in gewissen Abständen auf einer gemeinsamen horizontaler Welle sitzen. Zwischen dieselben ragen von dem das Ganze umschlieſsenden zylindrischen Gehäuse aus feste Leitscheiben mit mittlerer Öffnung hinein, welche, ebenso wie die Laufräder, mit derartig gekrümmten Schaufeln versehen sind, daſs der, das Gehäuse von einem zum andern Ende durchströmende Dampf, seinen Weg durch die Räder von innen nach auſsen und durch die Scheiben wieder von dort zurück nach der Mitte nehmen muſs.

Er wirkt also auf die einzelnen Räder nacheinander, wobei seiner Expansion dadurch Rechnung getragen ist, daſs man den ersten von

---

[1] Hierzu tritt neuerdings noch die von der A.-E.-G. Berlin gebaute Riedler-Stumpfsche Turbine, über welche jedoch noch keine ausreichenden Details veröffentlicht wurden.

ihnen einen kleineren Durchmesser und ihren Kanälen eine geringere Weite gibt, als den zuletzt vom Dampf durchströmten.

Ohne auf weitere Details einzugehen, sei nur noch bemerkt, daß die Regulierung der Parsonturbine durch ein entlastetes, sich in rascher Folge abwechselnd öffnendes und schließendes Ventil geschieht, wobei der Regulator die Dauer jeder einzelnen Eröffnung je nach der Belastung der Maschine beeinflußt und dadurch die Tourenzahl nahezu konstant erhält.

Bei den de Lavalturbinen wird der gleiche Effekt durch Anstellung von mehr oder weniger Düsen erreicht, was ebenfalls durch den Regulator selbsttätig geschieht.

Für unsere Erörterungen kommt letztere allein in Betracht, da sie von den kleinsten Dimensionen bis zu ca. 300, die Parsonturbine dagegen erst von 100 PS aufwärts gebaut wird, doch durfte sie bei der großen Bedeutung, welche sie für Elektrizitätswerke und Schiffe gewinnt, nicht unerwähnt bleiben.

Über den Dampfverbrauch de Lavalscher Turbinen liegen eine Anzahl Angaben in der Zeitschr. d. V. D. I. vor,[1]) aus denen folgende drei Schlüsse für Erzielung des bestmöglichen Wirkungsgrades zu ziehen sind.

Das Turbinenrad muß in luftleerem, bzw. luftverdünntem Raum umlaufen und durch Dampf von der höchsten zulässigen Spannung betrieben werden; durch Überhitzung desselben läßt sich der Nutzeffekt der Anlage noch weiter erhöhen.

Diese Regeln finden im allgemeinen ihre Begründung in dem Gesetz der Thermodynamik für den Wirkungsgrad $= \dfrac{T_1 - T_2}{T_1}$ einer idealen Wärmekraftmaschine, worin ist:

$T_1 =$ absolute Temperatur, bei welcher die Wärme aufgenommen,
$T_2 =$ desgl., bei welcher sie abgegeben wird.

Derselbe steigt mit wachsender Differenz $T_1 - T_2$ dieser Temperaturen, verhältnismäßig am meisten aber mit dem Sinken von T_2, der unteren von ihnen, und findet sich dies bestätigt durch die folgenden, nach den Angaben der Maschinenbau-Anstalt »Humboldt«, Kalk, unter Hinzurechnung eines gewissen Aufschlages für Dauerbetrieb, Rohrleitungsverluste etc. zusammengestellten Tabellen über den Dampfverbrauch, in welchem sofort der außergewöhnlich viel niedrigere der Turbinen mit Kondensation gegen den ohne solche auffällt, wonach deren Anwendung überall, wo irgend tunlich, geboten erscheint, und zwar möglichst unter Vermeidung aller hin- und hergehenden Pumpen.

Da es nicht möglich war, die Verbrauchsziffern für alle Dampfspannungen aufzunehmen, so findet sich für jede Maschinengröße nur diejenige für einen mittleren Betriebsdruck, welcher ungefähr dem bei Kolbenmaschinen zugrunde gelegten entspricht.

---

[1]) S. Jahrg. 1901, S. 151, 1679, 1716; s. ferner Jahrg. 1903, S. 1 u. f., 441 u. f.

Die Ersparnisse durch Überhitzung ändern sich ebenfalls nach dem Grade derselben und können nicht allgemein festgelegt werden; auch sind die Versuche darüber noch nicht als abgeschlossen zu betrachten. Sehr fehl wird man jedoch kaum gehen, wenn man sie bei den hier in Betracht kommenden Gröfsen und Dampfspannungen für eine Überhitzung bis ca. 325⁰ C zu ca. 10 % einsetzt, was für kleine Auspuffturbinen vielleicht etwas wenig, für grofse Kondensationsmaschinen dagegen reichlich sein wird; die Abweichung übt indessen kaum einen ausschlaggebenden Eindruck auf das Endresultat aus.

Die Angaben über den Mehrverbrauch bei halber Leistung schwanken, abgesehen von wenigen Ausnahmen, zwischen 12 und 22 %, und spielt hierbei die Gröfse der Turbine eine ebenso grofse Rolle, wie bei allen andern Maschinen, so dafs wir folgende Tabellen über den Dampfverbrauch erhalten.

Tabelle 16.
Stündlicher Dampfverbrauch von Turbinen pro effektive Pferdestärke in kg.
A. Sattdampf.
1. Ohne Kondensation.

Gröfse in PS	10	20	30	50	75	100
Dampfüberdruck in Atm.	5	6	7	7	8	8
Verbrauch bei Nennleistung . . .	30	26,5	22,5	21	19,5	21,5
» » ¹/₂ » . . .	36	31,2	26	25	22	25

2. Mit Kondensation, einschl. Verbrauch für die Pumpen.

Dampfüberdruck in Atm.	7	8	9	9	10	10
Verbrauch bei Nennleistung . .	17	14	13	12,5	12	11
» » ¹/₂ » . .	21	17,5	16	15	14	13

B. Heifsdampf, reduziert auf gesättigten Dampf.
1. Ohne Kondensation.

Dampfüberdruck in Atm. . . .	5	6	7	7	8	8
Verbrauch bei Nennleistung . .	27	24	20	19	17,5	19
» » ¹/₂ » . .	32,2	28,4	23,2	22	21	22

2. Mit Kondensation, einschl. Verbrauch für die Pumpen.

Dampfüberdruck in Atm.	7	8	9	9	10	10
Verbrauch bei Nennleistung . .	15,6	13	12	11,5	11	10
» » ¹/₂ » . .	20	16,5	15	14	13	12

Tabelle 17.

A. Turbinen für Sattdampf ohne Kondensation.

Jährlicher Dampfverbrauch an 300 Arbeitstagen in Tonnen, bzw. jährliche
Kosten in Mark, bei einem Dampfpreis von M. 1 per Tonne.

1. Volle Normalleistung.

Tägliche Betriebszeit in Stunden	Gröfse in Pferdestärken					
	10	20	30	50	75	100
2	327	578	736	1145	1594	2345
4	501	885	1127	1754	2442	3591
6	675	1193	1518	2363	3291	4838
8	849	1500	1910	2972	4139	6085
10	1023	1807	2302	3581	4987	7332
12	1197	2115	2693	4190	5835	8579
18	1710	3021	3848	5985	8336	12255
21	1962	3466	4415	6867	9565	14061
24	2190	3869	4928	7665	10676	15695

2. Halbe Belastung.

2	196	340	425	681	899	1363
4	301	521	651	1044	1378	2088
6	405	702	878	1406	1856	2813
8	509	883	1104	1769	2335	3538
10	614	1064	1330	2131	2813	4263
12	718	1245	1556	2494	3292	4988
18	1026	1778	2223	3563	4703	7125
21	1177	2040	2551	4088	5396	8175
24	1314	2278	2847	4563	6023	9125

3. Dreiviertel-Belastung.

2	262	443	581	913	1247	1854
4	401	703	889	1399	1910	2840
6	540	948	1198	1885	2574	3826
8	679	1192	1507	2371	3237	4812
10	819	1436	1816	2856	3900	5798
12	958	1680	2125	3342	4569	6784
18	1368	2400	3036	4774	6520	9690
21	1570	2753	3483	5478	7481	11118
24	1752	3074	3888	6114	8350	12410

Tabelle 18.

B. Turbinen für Heifsdampf ohne Kondensation.

Jährlicher Dampfverbrauch an 300 Arbeitstagen, bezogen auf Sattdampf, in Tonnen, bzw. jährliche Kosten in Mark, bei einem Dampfpreis von M. 1 per Tonne.

1. Volle Normalleistung.

Tägliche Betriebszeit in Stunden	Gröfse in Pferdestärken					
	10	20	30	50	75	100
2	294	523	654	1036	1431	2071
4	451	802	1002	1587	2192	3173
6	608	1080	1350	2138	2953	4275
8	764	1358	1698	2689	3714	5377
10	921	1637	2046	3240	4476	6479
12	1077	1915	2394	3791	5237	7581
18	1539	2736	3420	5415	7481	10830
21	1766	3139	3924	6213	8584	12426
24	1971	3504	4380	6935	9581	13870

2. Halbe Belastung.

	10	20	30	50	75	100
2	176	310	379	600	858	1199
4	269	474	581	919	1315	1837
6	362	639	783	1238	1772	2475
8	456	804	985	1557	2229	3113
10	549	968	1187	1876	2685	3751
12	642	1133	1389	2195	3142	4389
18	918	1619	1984	3135	4489	6270
21	1053	1857	2276	3597	5150	7194
24	1175	2073	2540	4015	5749	8030

3. Dreiviertel-Belastung.

	10	20	30	50	75	100
2	235	417	517	818	1145	1635
4	360	638	792	1253	1754	2505
6	485	860	1067	1688	2363	3375
8	610	1081	1342	2123	2972	4245
10	735	1303	1617	2558	3581	5110
12	860	1524	1892	2993	4190	5985
18	1229	2178	2702	4275	5985	8550
21	1410	2498	3100	4905	6867	9810
24	1573	2789	3460	5475	7665	10950

Tabelle 19.

C. Turbinen für Sattdampf mit Kondensation.

Jährlicher Dampfverbrauch an 300 Arbeitstagen in Tonnen, einschließlich Verbrauch für die Pumpen, bzw. jährliche Kosten in Mark, bei einem Dampfpreis von M. 1 per Tonne.

1. Volle Normalleistung.

Tägliche Betriebs- zeit in Stunden	Größe in Pferdestärken					
	10	20	30	50	75	100
2	185	305	425	681	981	1199
4	284	468	651	1044	1503	1837
6	383	630	878	1406	2025	2475
8	481	792	1104	1769	2547	3113
10	580	955	1330	2131	3069	3751
12	678	1117	1556	2494	3591	4389
18	969	1596	2223	3563	5130	6270
21	1112	1831	2551	4088	5880	7194
24	1241	2044	2847	4563	6570	8030

2. Halbe Belastung.

2	114	191	262	409	572	709
4	175	292	401	626	877	1086
6	236	394	540	844	1181	1463
8	297	495	679	1061	1486	1840
10	358	597	818	1279	1790	2217
12	419	698	958	1496	2095	2594
18	599	998	1368	2138	2993	3705
21	687	1145	1570	2453	3434	4251
24	767	1278	1752	2738	3833	4745

3. Dreiviertel-Belastung

2	150	248	344	545	777	954
4	230	380	526	835	1190	1462
6	310	512	709	1125	1603	1969
8	389	644	897	1415	2017	2477
10	469	776	1074	1705	2430	2984
12	549	908	1257	1995	2843	3492
18	784	1297	1796	2851	4062	4988
21	900	1488	2061	3271	4657	5723
24	1004	1661	2300	3651	5202	6388

Tabelle 20.

D. Turbinen für Heifsdampf mit Kondensation.

Jährlicher Dampfverbrauch an 300 Arbeitstagen, bezogen auf Sattdampf, in Tonnen, einschliefslich Verbrauch für die Pumpen, bzw. jährliche Kosten in Mark, bei einem Dampfpreis von M. 1 per Tonne.

1. Volle Normalleistung.

Tägliche Betriebszeit in Stunden	Gröfse in Pferdestärken					
	10	20	30	50	75	100
2	170	283	392	627	899	1090
4	261	434	601	960	1378	1670
6	351	585	810	1294	1856	2250
8	441	736	1019	1627	2335	2880
10	532	887	1228	1961	2813	3410
12	622	1037	1436	2294	3292	3990
18	889	1482	2052	3278	4703	5700
21	1020	1700	2354	3761	5396	6540
24	1139	1898	2628	4198	6023	7300

2. Halbe Belastung.

	10	20	30	50	75	100
2	109	180	245	382	531	654
4	167	276	376	585	814	1002
6	225	372	506	788	1097	1350
8	283	467	637	991	1380	1698
10	341	568	767	1194	1662	2046
12	399	658	898	1397	1945	2394
18	570	941	1283	1995	2779	3420
21	654	1079	1472	2289	3188	3924
24	730	1205	1643	2555	3559	4380

3. Dreiviertel-Belastung.

	10	20	30	50	75	100
2	140	232	319	505	715	872
4	214	355	489	773	1096	1336
6	288	479	658	1041	1477	1800
8	362	602	828	1309	1858	2264
10	437	728	998	1578	2238	2728
12	511	848	1167	1846	2619	3192
18	730	1212	1668	2637	3741	4560
21	837	1390	1913	3025	4292	5232
24	935	1552	2136	3377	4791	5840

F. Rotationsmaschinen.

Aus dem Bestreben, die Vorteile der Turbinen mit den bereits so lange bewährten der Kolbenmaschinen zu vereinigen, sind die Rotationsmaschinen hervorgegangen, welche neuerdings in zwei besonderen Formen auf den Markt gebracht werden.

Die eine derselben, nach dem deutschen Patent Patschke, wird von der Maschinenfabrik H. Wilhelmi, Mülheim a. d. Ruhr, gebaut, wogegen die andere, nach dem schwedischen System Hult, von der Kieler Maschinenbau-Aktiengesellschaft, vorm. C. Daevel, hergestellt und weiter vertrieben wird; sie besteht in einer Kapselmaschine, die gebildet wird durch eine Trommel, welche sich exzentrisch in einem um sie rotierenden Zylinder reibungsfrei abrollt, wobei ein, in dem sichelförmigen Raum zwischen Trommel und Zylinder in ersterer gleitender Schieber, bzw. Flügel durch den Dampf vorwärts getrieben und dadurch das Ganze in Umdrehung versetzt wird, wie Fig. 3 zeigt.

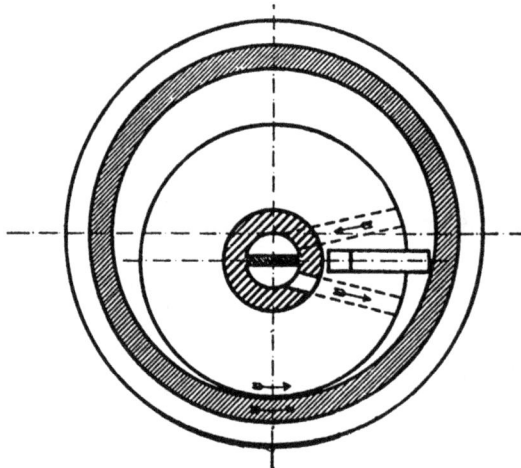

Fig. 3.

Ohne weiter auf die verschiedenen, auf Vermeidung aller überflüssigen Reibung hinzielenden ingeniösen Einzelheiten einzugehen, sei nur noch bemerkt, daſs die Maschine wenig Platz einnimmt und sehr billig ist, was infolge ihrer einfachen Konstruktion erklärlich erscheint.

Die vorhandenen Angaben über den Dampfverbrauch beziehen sich hauptsächlich auf sehr kleine Maschinen, lassen aber schlieſsen, daſs er sich annähernd in gleicher Höhe mit dem für Sattdampfmaschinen angegebenen halten wird, in welchem Falle die Rotationsmaschinen diesen infolge ihrer geringeren Bedienungs- und Anlagekosten an manchen Stellen den Rang streitig machen werden, zumal sie keiner besonders starken

Abnützung unterliegen sollen. Im ganzen sind die Erfahrungen darüber jedoch in Deutschland noch zu beschränkt, weshalb auch von einer Aufstellung der Betriebskosten abgesehen werden muſs; immerhin sei jedoch auf die Maschinen aufmerksam gemacht, da sie häufig eine willkommene Betriebskraft sein können.

Über die Patschke-Wilhelmische Maschine läſst sich unbedingt Zuverlässiges noch weniger sagen, da das ursprüngliche Prinzip verlassen ist und dafür zwei ähnliche Rotationskörper, wie bei Hult verwandt werden, wovon der eine dem Hochdruck-, der andere dem Niederdruckzylinder der Kolbenmaschinen entspricht. Weitere auf Geringhaltung des Dampfverbrauches hinzielende Verbesserungen sind vorgesehen, doch ist die Maschine nicht so einfach und dementsprechend teurer, als die Hultsche, soll aber sparsamer, als diese arbeiten.

G. Abwärmekraftmaschinen.

Der Gedanke, die niedrige Siedetemperatur, welche einigen Flüssigkeiten, u. a. der schwefligen Säure, eigen ist, auszunützen, um aus ihnen Dämpfe von hoher, durch Wasserdämpfe von niedriger Spannung zu erzeugen, ist von den Ingenieuren G. Behrend, Hamburg, und Zimmermann, Mannheim, schon 1892 angeregt, später von Professor Josse, Berlin, ausgebaut und mehrfach zur Ausführung gebracht worden.

Da nämlich die Dämpfe der schwefligen Säure bereits bei einer Temperatur von 45—60° C eine Spannung von 7,5—11 Atm abs. haben, welche Temperatur in jedem Oberflächenkondensator einer Dampfmaschine ohne Schwierigkeit gehalten werden kann, so läſst sich solcher ohne weiteres als Dampfentwickler für eine durch Schwefligsäuredämpfe zu betreibende Maschine benützen.

Die ganze Einrichtung besteht demnach in einer gewöhnlichen Sattdampf-Kondensmaschinenanlage, deren Oberflächenkondensator anstatt mit Wasser, mit SO_2 gekühlt wird, wobei diese verdampft und mit einem der Temperatur des Kondensators entsprechenden Druck in einer zweiten, ebenfalls wie eine Dampfmaschine gebauten Maschine zur Wirkung gebracht wird. Die hierin verbrauchten SO_2-Dämpfe gelangen in einen zweiten Oberflächenkondensator, der jedoch mit Wasser gekühlt wird, wodurch sie sich zu tropfbar flüssiger SO_2 verdichten und als solche durch eine kleine Pumpe in den ersten Kondensator zurückgeschafft werden, um darin wieder als Kühlflüssigkeit zu dienen, dabei gleichzeitig zu verdampfen und den Kreislauf von neuem zu beginnen.

Das aus Wasser bestehende Kondensat des ersten Kondensators wird nach der Entölung durch eine andere kleine Pumpe, die Speisepumpe, in den Kessel gedrückt, um von da aus ebenfalls einen neuen Kreislauf anzutreten.

Die kombinierte Wasser- und Schwefligsäure-Dampfmaschine stellt also eine Kraftquelle von höchsterreichbarem Wirkungsgrad dar und dürfte, gleich gute Ausführung in beiden Fällen vorausgesetzt, ungefähr auf gleicher Höhe mit einer Heifsdampf-Compound-Kondensationsmaschine rangieren, welcher sie bezüglich der Anlagekosten auch nahe kommen wird.[1]

Trotzdem ist es fraglich, ob diese Kombination für Neuanlagen viel Verwendung finden wird, es sei denn, dafs sie in Turbinenform, wozu sie sich besonders eignet, zur Ausführung gelangt.

Dagegen bietet die einfache SO_2-Maschine ein ganz vorzügliches Mittel, die Leistung vorhandener Dampfmaschinen um 30—40 % zu erhöhen, ohne deren Brennstoffaufwand vermehren zu müssen, und bildet dies jedenfalls ihren Hauptzweck, da für ihre eigentliche Aufgabe: Verwertung bisher ungenützt verloren gehender Temperaturgefälle zwischen 15 und 60 ° C sonst wenig Gelegenheit gegeben ist.

Da derartige Maschinen jedoch nicht als selbständige angesehen werden können, müssen wir uns versagen, hier weiter darauf einzugehen; sie mögen aber allen denen, welche eine Vergröfserung ihrer Maschinenleistung anstreben, aufs wärmste empfohlen sein.

H. Dowsongasmotoren.

Dieses Gas wird bekanntlich erzeugt, indem man ein Gemisch von Luft und überhitztem Wasserdampf durch glühenden Kohlenstoff leitet, wobei der Wasserdampf in seine Bestandteile Wasserstoff und Sauerstoff zerfällt; letzterer verbrennt zusammen mit dem Sauerstoff der eingeblasenen Luft und dem untersten Kohlenstoff des Brennmaterials zu Kohlensäure (CO_2), welche sich beim Passieren der höheren Brennstoffschichten mit Kohlenstoff (C) anreichert zu Kohlenoxyd (CO), so dafs das oben austretende Gasgemisch in der Hauptsache aus dem freigewordenen Stickstoff (N) der Luft und Wasserstoff (H) des Wasserdampfes, sowie dem entwickelten Kohlenoxyd (CO) neben einigen anderen Gasen, besteht.

Es hat ungefähr folgende Zusammensetzung:

Stickstoff (N)	. . .	47—52 %
Kohlenoxyd (CO)	. .	23—27 „
Wasserstoff (H)	. .	17—18 „
Kohlensäure (CO_2)	. .	6— 7 „
Sumpfgas (CH_4)	. .	0,5— 2 „

[1] Neuerdings ist der Vorschlag gemacht, das ganze zur Verfügung stehende Temperaturgefälle durch Anwendung von drei Flüssigkeiten mit verschieden hohen Siedepunkten noch mehr auszunützen, doch erscheint der praktische Wert hiervon nur gering, da die Herstellungskosten der Maschine unbedingt sehr hohe werden.

Die bis vor einigen Jahren allein gebräuchliche Herstellungsmethode bestand darin, dafs man Dampf von 2—4 Atm Spannung, zu dessen Erzeugung ein besonderer kleiner Kessel diente, überhitzte und in einem Dampfstrahlgebläse verwandte, um Luft anzusaugen und beides gemeinsam von unten durch eine in einem zylindrischen Generator angehäufte glühende Kohlenschicht zu treiben.

Der Dampfkessel war jedoch infolge seiner Konzessionspflichtigkeit recht lästig, bedingte aufserdem die Anwendung eines verhältnismäfsig grofsen Gasdruckausgleichers und machte dadurch die Anlage teuer; überdies war für den Prozefs an sich gar kein gespannter, sondern nur trockener, besser überhitzter Dampf nötig, weshalb man bereits lange versuchte, ganz ohne den Dampfkessel fertig zu werden, was endlich in den sog. Sauggasanlagen gelang.

Anstatt nämlich das Luft- und Wasserdampfgemisch, wie bisher, durch den Generator zu drücken, läfst man es nunmehr hindurchsaugen, und zwar vermittelst des Motors selbst, wobei immer nur soviel Gas erzeugt, als verbraucht wird. Zur Herstellung des überhitzten Wasserdampfes steht die ganze überschüssige Wärme des den Generator verlassenden Gases zur Verfügung, nötigenfalls auch die der Auspuffgase, doch genügt erstere schon und ist somit das Ganze zu einem verhältnismäfsig kleinen und einfachen Apparat zusammengeschrumpft, welcher jedoch den Nachteil aufweist, dafs für seine jedesmalige Inbetriebsetzung ein weiterer Mechanismus nötig ist, nämlich ein durch Menschen- oder andere Kraft betätigtes Gebläse zur Herstellung des für die ersten Motorumdrehungen erforderlichen Gases.

Trotz dieser und anderer Betriebsunzulänglichkeiten haben sich die Sauggasmotoren schnell verbreitet, jedoch grofsenteils nicht als reine Saug-, sondern als kombinierte Saug- und Druck-, wie auch als reine Druckgasanlagen, bei welchen das ursprüngliche Dampfstrahlgebläse durch ein elektrisch oder sonstwie angetriebenes ersetzt ist, unter Fortlassung des Dampfkessels.

Das erzeugte Gas ist in allen Fällen dasselbe und hat einen Wärmewert, der zwischen 1000 und 1400 WE per cbm schwankt, je nach dem Brennstoff, aus welchem es hergestellt wurde. Am besten eignen sich dazu magere Kohlensorten, wie Anthrazit und Koks, wovon ersterer 4—4,5 cbm Gas à ca. 1350 WE, letzterer 3—4 cbm à 1100—1200 WE liefert, doch ist es der Gasmotorenfabrik Deutz in den letzten Jahren gelungen, selbst aus Brennstoffen von sehr geringem Heizwert brauchbares Kraftgas herzustellen. So zeigte sie auf der Düsseldorfer Ausstellung 1902 eine Anlage für Braunkohle, welche seitdem in Meuselwitz mit Braunkohlen geringster Qualität von nur 2100 WE arbeitet. Auf der Dresdener Städteausstellung 1903 führte sie einen Motor vor, dessen Gas aus den Klärschlammrückständen erzeugt wurde, welche bei Reinigung der Abwässer nach dem Rothe-Degenerschen Kohlebreiverfahren verbleiben.

Den Verbrauch an böhmischer Braunkohle von 5000 WE gibt die Gasmotorenfabrik Deutz zu 0,52 kg, den an Meuselwitzer von 2100 WE zu ca. 1,5 kg pro Stunde und PS an, natürlich für grofse Motoren, doch sind beides ganz aufserordentlich günstige Zahlen, welche zur Nacheiferung anspornen.

Bei dieser Verschiedenartigkeit des Brennstoffes ist es natürlich schwer, eine allgemein gültige Grundlage für den Vergleich zu schaffen und reicht dazu die in den »Kosten der Betriebskräfte etc.« angewandte Methode nicht mehr aus.

Dagegen bietet sich, ebenso wie bei der Dampferzeugung, in dem Heizwert des Brennstoffs eine sehr gute Handhabe, wenn man weifs, wieviel Wärmeeinheiten im Gasmotor pro Stunde und PS verbraucht werden und dies ist aus bekannten Betriebsresultaten unschwer festzustellen.

Bei den hier in Frage kommenden Gröfsen von 10—100 PS ist der Verbrauch bei voller Belastung und bei guten Motoren zu 2600—2300 WE des verbrauchten Gases pro effektive Pferdestärke und Stunde anzunehmen, welcher Betrag sich für Dauerbetrieb bei normaler Beanspruchung und Motoren gewöhnlicher Ausführung erhöht auf 3200—2700 WE.

Veranschlagt man den durchschnittlichen Wirkungsgrad der Generatoren zu 0,75, so ergibt sich der erforderliche Wärmeaufwand des Brennstoffes zu 4300—3700 WE pro Stunde und effektive Pferdestärke.

Hierbei ist es völlig belanglos, dafs bereits Generatoren mit 80—82 % Nutzeffekt und Motoren mit gröfserem Wirkungsgrad, als oben angenommen, gebaut sind, da den Besprechungen der andern Maschinengattungen auch keine Ausnahms-, sondern Durchschnittsresultate zugrunde liegen.

Über den Heizwert der in Betracht kommenden Brennstoffe und über den mittleren Verbrauch der Motoren an Wärmeeinheiten geben die Tabellen 21 und 22 Auskunft.

Tabelle 21.

Heizwert der Brennstoffe für Dowsongasbereitung[1]).

Brennstoff	Wärmeeinheiten, welche 1 kg bei der Verbrennung theoretisch entwickelt
Westfälischer Anthrazit	7700—8200
Englischer »	7600—8000
Kaumazit	6400
Olbenhauer Anthrazit	7600
Gaskoks	6200—6500
Böhmische Braunkohle	4500—5000
Mitteldeutsche Braunkohle	2200—4500
Bornaer, Markranstädter, Meuselwitzer Braunkohle	2100—2300
Torf	2700—4300

[1]) S. a. Marr, Kosten der Betriebskräfte.

Tabelle 22.

Verbrauch an Wärmeeinheiten des verwendeten Brennstoffes pro Stunde und Pferdestärke.

Motorengröfse in PS .	10	20	30	40	50	60	80	100
Bei voller Nennleistung	4300	4200	4100	4000	3900	3800	3700	3700
» halber »	6200	6000	5800	5600	5400	5200	5000	5000

Um hieraus zu ermitteln, wieviel an Brennstoff, beispielsweise westfälischem Anthrazit, ein 40pfd. Motor benötigt, hat man nur seinen Heizwert in die Verbrauchsziffer zu dividieren und erhält

$$\frac{4000}{8000} = 0,5 \text{ kg bei voller Nennleistung}$$

$$\frac{5600}{8000} = 0,7 \text{ kg } \text{ » halber } \text{ »}$$

An Meuselwitzer Braunkohle von 2100 WE würden sich ergeben für eine 100pfd. Anlage $\frac{3700}{2100} = 1,76$ kg bei voller Nennlast, wogegen Deutz selbst 1,5 kg angibt, doch ist die Anlage wohl etwas gröfser. Von Wichtigkeit ist natürlich auch hier, wie beim Dampfkesselbetrieb, die Art der Bedienung, da von ihr die Verbrauchszahlen sehr beeinflufst werden können.

Für das Anheizen des Gasmotors, für die Verluste während der Pausen und während des Niederbrennens nach Schlufs der Arbeitszeit sind in ähnlicher Weise Zuschläge auf den Nettoverbrauch zu machen, wie dies beim Dampfbetrieb geschah, doch richten sich dieselben weniger nach der Länge, als nach der Zahl der Pausen, da jede, nicht allzu kurze, neues Anheizen nötig macht. In Tabelle 31 ist diesen Umständen Rechnung getragen und dabei davon ausgegangen, dafs die Verluste bei 10stündiger Betriebszeit ca. 10 und bei 1stündiger ca. 50 % betragen, woraus sie sich für die übrigen Betriebszeiten abschätzen lassen.

Tabelle 23.

Verlust für Anheizen, Pausen etc. bei Dowsongasbetrieb.

Tägliche Betriebszeit in Stunden	Jährliche Betriebszeit in Stunden	Für Anheizen etc. jährlich		Totale Heizzeit in Stunden
		in Stunden	in Proz. der Betriebszeit	
1	300	150	50,0	450
2	600	150	25,0	750
3	900	180	20,0	1080
4	1200	200	16,7	1400
5	1500	220	14,7	1720

Tägliche Betriebszeit in Stunden	Jährliche Betriebszeit in Stunden	Für Anheizen etc. jährlich		Totale Heizzeit in Stunden
		in Stunden	in Proz. der Betriebszeit	
6	1800	240	13,3	2040
7	2100	260	12,4	2360
8	2400	280	11,7	2680
9	2700	300	11,1	3000
10	3000	300	10,0	3300
11	3300	300	9,1	3600
12	3600	300	8,3	3900
15	4500	250	5,6	4750
18	5400	200	3,7	5600
21	6300	150	2,4	6450
24	7200	50	0,7	7250

Weiſs man, wieviel 1000 WE eines Brennstoffes kosten, so ist es nicht schwer, danach den Preis der Stundenpferdestärke und somit die jährlichen Ausgaben unter Berücksichtigung der Werte vorstehender Tabelle auszurechnen, was in der folgenden Tabelle 24 geschehen ist für einen Preis von M. 10 pro 1000 WE und Doppelwaggon von 10 000 kg. Den wirklichen Wert für 1000 WE erhält man, indem man die Kosten von 10 000 kg des Brennmaterials durch die Anzahl Wärmeeinheiten desselben dividiert und mit 1000 multipliziert.

Kostet z. B. westfälischer Anthrazit von 8000 WE franko Verbrauchsstelle M. 320 per Doppelwaggon, so stellt sich der Wert von 1000 WE auf $\frac{320}{8000}$. 1000 = M. 40, also viermal so hoch, als in den Tabellen angenommen wurde.

Steht dagegen Braunkohle von 4500 WE für M. 110 per 10 000 kg zur Verfügung, so kosten 1000 WE nur $\frac{110}{4500}$. 1000 = M. 24,44 und die Tabellenwerte sind mit 2,444 $\backsim$ 2,4 zu multiplizieren, um den jährlichen Aufwand zu erhalten.

Hierbei wolle man sich jedoch stets vergegenwärtigen, daſs es noch keineswegs Allgemeingut geworden ist, brauchbares Gas aus geringwertigen Brennstoffen herzustellen, indem Schlacken, bituminöse Abscheidungen etc. die Sache sehr erschweren, so daſs man sich bis jetzt meistens auf den zwar teuren, aber leicht zu verarbeitenden Anthrazit guter Herkunft beschränkt.

Tabelle 24.

Jährliche Kosten in Reichsmark an Brennstoff für Dowsongasmotoren bei einem Preis desselben von M. 10.— per 1000 WE Heizwert und per Doppelwaggon von 10 000 kg. 300 Tage.

A. Volle Nennleistung.

Tägliche Betriebszeit in Stunden	Gröfse in Pferdestärken							
	10	20	30	40	50	60	80	100
2	31	63	92	120	146	170	222	277
4	60	118	172	224	273	319	414	518
6	88	171	251	326	398	465	604	755
8	115	225	330	429	523	611	793	1002
10	142	277	406	528	643	752	977	1221
12	168	328	480	624	760	889	1154	1443
18	241	470	689	896	1092	1277	1658	2072
21	277	542	793	1035	1258	1471	1909	2387
24	312	609	892	1160	1414	1643	2146	2683

B. Halbe Nennleistung.

	10	20	30	40	50	60	80	100
2	23	45	65	84	101	117	150	187
4	43	84	122	157	189	218	280	350
6	63	122	177	228	275	318	408	510
8	83	161	233	300	362	418	536	670
10	102	198	287	370	445	515	660	825
12	121	234	339	437	526	608	780	975
18	174	336	487	627	756	874	1120	1400
21	200	387	561	722	871	1006	1290	1612
24	225	435	631	812	979	1131	1450	1812

C. Dreiviertel-Belastung.

	10	20	30	40	50	60	80	100
2	28	54	79	102	124	144	186	233
4	52	101	147	191	231	269	348	434
6	76	147	214	278	337	392	506	633
8	100	193	282	365	443	515	665	836
10	123	238	347	449	545	634	819	1023
12	145	281	410	531	644	749	968	1209
18	208	404	588	762	924	1076	1389	1736
21	239	465	678	879	1065	1239	1597	2000
24	269	522	762	986	1197	1387	1798	2248

J. Dieselmotoren.

Eine ganz ausgezeichnete Kraftquelle ist der Dieselmotor unter der Voraussetzung, daſs er stets in so vorzüglicher Ausführung, wie bisher, geliefert wird.

Als Brennstoff für denselben haben sich am besten bewährt alle schwer entzündlichen Mineralöle, wie Rohpetroleum, Rohnaphtha, Solaröl, Gasöl u. dgl., welchen die leichter flüchtigen Produkte nachstehen, sofern sie nicht, wie Benzin etc., ganz zu verwerfen sind.

Für Deutschland kommt neuerdings hauptsächlich Gas- und Paraffinöl, zu beziehen durch das Verkaufssyndikat für Paraffinöl in Halle a. S., in Frage, dessen Preis in den mitteldeutschen Braunkohlendistrikten M. 8,25 pro 100 kg ab Werk, also je nach der Entfernung M. 9 — 9,50 franko Verbrauchsstelle beträgt, wodurch sich der Betrieb mit Dieselmotoren vielfach billiger, als mit Sauggas und Dampfmaschinen stellt, wie wir später sehen werden. — In Ruſsland hat er schon länger groſse Verbreitung gefunden, ganz abgesehen von Nordamerika, das seinen Bedarf jedoch selber deckt.

Trotzdem ist es der Herstellerin, dem Werk Augsburg der Vereinigten Maschinenfabrik Augsburg und Maschinenbau-Gesellschaft Nürnberg A.-G., gelungen, bis 31. Januar 1903, also in noch nicht fünf Jahren, ca. 200 Maschinen mit nahezu 10000 PS abzusetzen in Gröſsen von 6 bis zu 250 effektiven PS.

Den Dampfmaschinen gegenüber zeichnen sie sich aus durch ihre sofortige Betriebsbereitschaft, durch sehr geringe Bedienungskosten, sowie Fortfall der behördlichen Überwachung und aller Rauch- etc. Belästigungen; den Gasmotoren gegenüber ist hervorzuheben der geringe Brennstoffaufwand, nahezu unsichtbarer Auspuff und groſse Reinlichkeit des Betriebes, so daſs die inneren Revisionen sich auf das Äuſserste beschränken lassen.

Der Verbrauch an Rohnaphtha, bzw. Solaröl bei Dauerbetrieb ergibt sich aus folgender

Tabelle 25.

Verbrauch an Brennstoff (Rohpetrol., Solaröl, Masut) von Dieselmotoren pro Stunde und effektive Pferdestärke in kg.

Gröſse der Motoren in PS .	10	20	30	40	50	60	80	100
Normalleistung	0,25	0,23	0,225	0,22	0,215	0,21	0,205	0,2
$^1/_2$ »	0,30	0,28	0,27	0,26	0,26	0,25	0,24	0,24

Die folgenden Tabellen geben den jährlichen Aufwand an, wenn 100 kg Brennstoff M. 1 kosten.

Tabelle 26.

Jährlicher Verbrauch an Rohnaphtha, bzw. Gasöl in je 100 kg,
bzw. Kostenaufwand bei einem Preis von M. 1 per 100 kg. 300 Arbeitstage.

A. Bei voller Nennleistung.

Tägliche Betriebszeit in Stunden	Gröfse in Pferdestärken							
	10	20	30	40	50	60	80	100
2	15,0	27,6	40,5	52,8	64,5	75,6	98,4	120,0
4	30,0	55,2	81,0	105,6	129,0	151,2	196,8	240,0
6	45,0	82,8	121,5	158,4	193,5	226,8	295,2	360,0
8	60,0	110,4	162,0	211,2	258,0	302,4	393,6	480,0
10	75,0	138,0	202,5	264,0	322,5	378,0	492,0	600,0
12	90,0	165,6	243,0	316,8	387,0	453,6	590,4	720,0
18	135,0	248,4	364,5	475,2	580,5	680,4	885,6	1080,0
21	157,5	289,8	425,3	554,4	677,3	793,8	1033,2	1260,0
24	180,0	331,2	486,0	633,6	774,0	907,2	1180,8	1440,0

B. Bei halber Nennleistung.

2	9,0	16,8	24,3	31,2	39,0	45,0	57,6	72,0
4	18,0	33,6	48,6	62,4	78,0	90,0	115,2	144,0
6	27,0	50,4	72,9	93,6	117,0	135,0	172,8	216,0
8	36,0	67,2	97,2	124,8	156,0	180,0	230,4	288,0
10	45,0	84,0	121,5	156,0	195,0	225,0	288,0	360,0
12	54,0	100,8	145,8	187,2	234,0	270,0	345,6	432,0
18	81,0	151,2	218,7	280,8	351,0	405,0	518,4	648,0
21	94,5	176,4	255,2	327,6	409,5	472,5	604,8	756,0
24	108,0	201,6	291,6	374,4	468,0	540,0	691,2	864,0

C. Bei Dreiviertel-Nennleistung.

2	12,0	22,2	32,4	42,0	51,8	60,3	78,0	96,0
4	24,0	44,4	64,8	84,0	103,5	120,6	156,0	192,0
6	36,0	66,6	97,2	126,0	155,3	180,9	234,0	288,0
8	48,0	88,8	129,6	168,0	207,0	241,2	312,0	384,0
10	60,0	111,0	162,0	210,0	258,8	301,5	390,0	480,0
12	72,0	133,2	194,4	252,0	310,5	361,8	468,0	576,0
18	108,0	199,8	291,6	378,0	465,8	542,7	702,0	864,0
21	126,0	233,1	340,3	441,0	543,4	633,2	819,0	1008,0
24	144,0	266,4	388,8	504,0	621,0	723,6	936,0	1152,0

K. Bánkimotoren.

Professor Bánki, dem früheren Leiter der Motorenabteilung der Maschinenfabrik Ganz & Co., Budapest, ist es gelungen, die bei der Explosion
frei werdende Wärme zur Verdampfung von, in das Ladegemisch einge-
spritztem, Wasser auszunützen, um dadurch die Temperatur so niedrig zu
erhalten, daſs trotz Erhöhung der Kompression keine Vorzündungen zu
befürchten sind.

Es ist also das gleiche Endziel, wie beim Dieselmotor erreicht, nämlich durch vermehrten Kompressionsdruck den Brennstoffverbrauch zu
vermindern, nur daſs das Dieselsche Verfahren sich speziell für schwer
endzündliche dickflüssige, das Bánkische dagegen für flüchtige, leicht
brennbare Mineralöle eignet, und werden Bánkimotoren deshalb zunächst
fast ausschlieſslich mit Benzin betrieben.

Die Motoren gelangen bis zu 100 PS in stehender Anordnung, mit
oben liegenden Zylindern, wie die Dieselmotoren, zur Ausführung, haben
jedoch im Deutschen Reich noch wenig Verbreitung gefunden, woran
hauptsächlich die hohen Benzinpreise schuld sein werden, welche der geringe Benzinverbrauch nicht auszugleichen vermag.

Derselbe stellt sich, wenn man die Angaben des Prospektes der ausführenden Firma für Dauerbetrieb wieder entsprechend erhöht, laut
Tabelle 27, woraus sich die Werte der folgenden Tabelle 28 von selbst
ergeben.

Tabelle 27.

Stündlicher Verbrauch an Benzin pro effektive Pferdestärke in kg.

Gröſse des Motors in PS	10	20	30	40	50
Verbrauch bei voller Nennleistung .	0,26	0,25	0,25	0,24	0,24
» » halber » .	0,32	0,31	0,30	0,29	0,29

Tabelle 28.

Jährlicher Verbrauch an Benzin in je 100 kg, bzw. Kosten in Reichsmark bei einem Benzinpreis von M. 1 per 100 kg. 300 Arbeitstage.

A. Volle Nennleistung.

Tägliche Betriebszeit in Stunden	Gröſse in Pferdestärken				
	10	20	30	40	50
2	15,6	30,0	45,0	57,6	72,0
4	31,2	60,0	90,0	115,2	144,0
6	46,8	90,0	135,0	172,8	216,0
8	62,4	120,0	180,0	230,4	288,0
10	78,0	150,0	225,0	288,0	360,0

Tägliche Betriebszeit in Stunden	Gröfse in Pferdestärken				
	10	20	30	40	50
12	93,6	180,0	270,0	345,6	432,0
18	140,4	270,0	405,0	518,4	648,0
21	163,8	315,0	472,5	604,8	756,0
24	187,2	360,0	540,0	691,2	864,0

B. Halbe Nennleistung.

2	9,6	18,6	27	34,8	43,5
4	19,2	37,2	54	69,6	87
6	28,8	55,8	81	104,4	130,5
8	38,4	74,4	108	139,2	174,0
10	48,0	93,0	135	174,0	217,5
12	57,6	111,6	162	208,8	261,0
18	86,4	167,4	243	313,2	391,5
21	100,8	195,3	283,5	365,4	456,8
24	115,2	223,2	324	417,6	522,0

C. Dreiviertel-Belastung.

2	12,6	24,3	36	46,2	57,75
4	25,2	48,6	72	92,4	115,50
6	37,8	72,9	108	138,6	173,25
8	50,4	97,2	144	184,8	231,00
10	63,0	121,5	180	231,0	288,75
12	75,6	145,8	216	277,2	346,50
18	113,4	218,7	324	415,8	519,75
21	132,3	255,1	378	485,1	606,37
24	151,2	291,6	432	554,4	693,00

II. Schmier- und Putzmaterial, Unterhaltungs- und Reparaturkosten.

Die neueren Schmierapparate sind zwar derart eingerichtet, dafs allzu grofsen Vergeudungen an Öl vorgebeugt ist, wenn sie halbwegs richtig eingestellt werden, doch bleibt dies immer vom Wärter und dessen subjektiven Anschauungen abhängig, weshalb sich der wirkliche Verbrauch einer Maschine nur innerhalb ziemlich weiter Grenzen angeben läfst; ebenso geht es mit dem Putzmaterial und den Unterhaltungskosten.

Als normaler Bedarf an Schmiermitteln pro Stundenpferdestärke kann für kleine Dampf- und Gasmaschinen von 10 PS etwa 0,5 Pfennig, für große von 100 PS etwa 0,25 Pfennig gelten, und zwar für Dampf etwas weniger, für Gasbetrieb etwas mehr, wogegen die Instandhaltungskosten bei ersterem wieder etwas höher, als bei letzterem anzunehmen sind, indem ihm auch alle Reparaturen am Kessel zufallen.

Es dürfen daher für jede Maschinengröße Pauschalbeträge, welche obige Gesamtkosten enthalten, für den Vergleich zugrunde gelegt werden, wozu für Dampf-, Gas- und einige sonstige Motoren die bereits in den »Kosten der Betriebskräfte« angegebenen, für Kraftgas- und Heißdampfmaschinen das 1,2fache und für Turbinen das 0,8fache davon dienen mögen, entsprechend ihrem stärkeren oder geringeren Schmier- oder Instandhaltungsbedürfnis.

Diese, für 10stündigen täglichen Betrieb von 300 Arbeitstagen jährlich, gültigen Werte ändern sich für längere oder kürzere Arbeitszeiten nicht in einem dazu proportionalen Verhältnis, sondern fallen für erstere infolge der sich auf einen längeren Zeitraum verteilenden Temperaturschwankungen relativ günstiger aus, als für letztere, dem man dadurch Rechnung tragen kann, daß man die Kosten in folgendes Verhältnis zueinander setzt:

Tägliche Betriebszeit in Stunden	1	2	3	4	5	6	7	8	9	10
Kostenverhältnis	0,2	0,3	0,4	0,5	0,6	0,7	0,8	0,9	1	1,1

u. s. f.

Wir haben alsdann für 10stündige Arbeitszeit von 300 Tagen jährlich folgende Pauschalbeträge und danach die in Tabelle 29 für die übrigen Betriebszeiten zusammengestellten.

a) für Sattdampfmaschinen und -Lokomobilen, Gas-, Diesel- und Bánki-motoren, sowie Heißdampfturbinen:

Größe der Maschinen in PS	10	20	30	40	50	60	80	100
Jährlicher Pauschalbetrag in Mark	228	352	472	588	700	808	1012	1200

b) für Heißdampfmaschinen und Lokomobilen, wie Dowsongas-motoren:

274	423	567	706	840	970	1215	1440

c) für Dampfturbinen:

183	282	378	471	560	647	810	960

Tabelle 29.

Jährliche Kosten an Schmiermitteln und Unterhaltung bei 300 Arbeitstagen.

A. Für Sattdampfmaschinen und -Lokomobilen, Gas-, Diesel-, Bánkimotoren und Heilsdampfturbinen.

Tägliche Betriebszeit in Stunden	Gröfse der Maschinen in Pferdestärken							
	10	. 20	30	40	50	60	80	100
2	62	96	128	160	191	220	276	327
4	103	160	214	267	318	367	460	545
6	145	224	300	374	445	514	644	764
8	186	288	386	481	572	661	828	982
10	228	352	472	588	700	808	1012	1200
12	269	416	558	695	827	955	1196	1418
18	393	608	815	1016	1208	1396	1748	2073
21	455	704	944	1177	1399	1617	2024	2400
24	517	800	1073	1337	1590	1837	2300	2727

B. Für Heilsdampfmaschinen und -Lokomobilen, Dowsongasmotoren.

	10	20	30	40	50	60	80	100
2	75	116	154	192	230	264	332	393
4	124	192	257	321	382	441	552	654
6	174	269	360	449	534	617	773	917
8	224	346	464	578	687	794	994	1179
10	274	423	567	706	840	970	1215	1440
12	323	500	670	834	993	1146	1436	1702
18	472	730	978	1220	1450	1676	2098	2488
21	546	845	1133	1413	1679	1941	2429	2880
24	621	960	1288	1605	1908	2205	2760	3273

C. Für Sattdampfturbinen.

	10	20	30	40	50	60	80	100
2	50	77	103	128	153	176	221	262
4	83	128	172	214	255	294	368	436
6	116	180	240	300	356	412	516	612
8	149	231	309	385	458	529	663	786
10	183	282	378	471	560	647	810	960
12	216	333	447	556	662	764	957	1135
18	315	487	652	813	967	1117	1399	1659
21	364	564	756	942	1120	1294	1620	1920
24	414	640	859	1070	1272	1470	1840	2182

III. Bedienungskosten.

Diese sind ziemlich gleich bei Dampfmaschinen, Lokomobilen und Dowsongasmotoren, wogegen sie bedeutend geringer ausfallen bei Leucht-gas-, Diesel- und Bánkimotoren, da bei ersteren aufser der Maschine auch der Kessel, bzw. die Gasbereitungsanlage gewartet und instand gehalten werden soll, wogegen die Bedienung von Leuchtgasmotoren etc., je nach der Gröfse derselben, nur einen mehr oder minder kleinen Teil der Zeit des Wärters in Anspruch nimmt, während der übrige zur Verrichtung anderer Arbeiten verfügbar bleibt. Die Dampfturbine erfordert wieder einen Kesselwärter, aufserdem aber nicht mehr, bei grofsen Ausführungen sogar weniger, Bedienung, als Gasmotoren.

Es ergeben sich danach die folgenden drei Skalen für eine tägliche Arbeitszeit von 10 Stunden, denen sich eine Tabelle für andere Betriebs-dauer anreiht, welche unter der Voraussetzung aufgestellt wurde, dafs derjenige, der täglich nur wenige Stunden in Arbeit steht, hierfür einen verhältnismäfsig gröfseren Lohn zu verlangen hat, als ein solcher, der den ganzen Tag beschäftigt wird. Anderseits beansprucht jeder, der Über-stunden macht, für diese auch höhere Entschädigung, so dafs man rech-nen kann für einen täglichen Betrieb von

2 4 6 8 10 12 18 21 24 Stunden
3,5 5 7 8,5 10 12 19 22,5 26 tägliche Lohnstunden.

Für das Jahr von 300 Arbeitstagen à 10 Stunden sind als Bedie-nungskosten veranschlagt:

a) für Dampfmaschinen, Lokomobilen, Kraftgasanlagen:

Gröfse d. Maschinen in PS 10 20 30 40 50 60 80 100
Betrag in Reichsmark . . 900 1100 1300 1500 1700 1900 2100 2300

b) bei Leuchtgas-, Diesel- und Bánkimotoren:

Betrag in Reichsmark . . 200 350 500 650 800 950 1100 1250

c) für Dampfturbinen:

Betrag in Reichsmark . . 800 900 1000 1100 1200 1300 1400 1500

Tabelle 30.

Bedienungskosten bei 300 Arbeitstagen jährlich in Reichsmark.

a) Für Dampfmaschinen, Lokomobilen, Kraftgasanlagen.

Tägliche Betriebszeit in Stunden	Pferdestärken							
	10	20	30	40	50	60	80	100
2	315	385	455	525	595	665	735	805
4	450	550	650	750	850	950	1050	1150
6	630	770	910	1050	1190	1330	1470	1610
8	765	935	1105	1275	1445	1615	1785	1955
10	900	1100	1300	1500	1700	1900	2100	2300

Tägliche Betriebszeit in Stunden	Pferdestärken							
	10	20	30	40	50	60	80	100
12	1080	1320	1560	1800	2040	2280	2520	2760
18	1710	2090	2470	2850	3230	3610	3990	4370
21	2025	2475	2925	3375	3825	4275	4725	5175
24	2340	2860	3380	3900	4420	4940	5460	5980

b) Für Leuchtgas-, Diesel- und Bánkimotoren.

2	70	122	175	227	280	332	385	437
4	100	175	250	325	400	475	550	625
6	140	245	350	455	560	665	770	875
8	170	297	425	552	680	807	935	1062
10	200	350	500	650	800	950	1100	1250
12	240	420	600	780	960	1140	1320	1500
18	380	665	950	1235	1520	1805	2090	2375
21	450	787	1125	1462	1800	2137	2475	2812
24	520	910	1300	1690	2080	2470	2860	3250

c) Für Dampfturbinen.

2	280	315	350	385	420	455	490	525
4	400	450	500	550	600	650	700	750
6	560	630	700	770	840	910	980	1050
8	680	765	850	935	1020	1105	1190	1275
10	800	900	1000	1100	1200	1300	1400	1500
12	960	1080	1200	1320	1440	1560	1680	1800
18	1520	1710	1900	2090	2280	2470	2660	2850
21	1800	2025	2250	2475	2700	2925	3150	3375
24	2080	2340	2600	2860	3120	3380	3640	3900

IV. Indirekte Kosten.

Zinsen und Abschreibungen.

Von allen in Frage kommenden Beträgen ist der für Verzinsung und Amortisation des Anlagekapitals einzusetzende am schwierigsten in eine feste Summe zu fassen, da er sowohl von den sehr verschiedenen Preisen der Maschinen, als auch von der Zeitlänge abhängt, in welcher die Anlage amortisiert sein muſs.

Es mag deshalb die Bestimmung der richtigen Werte dem Ermessen des Einzelnen anheimgegeben bleiben, zumal sie beim Vorhandensein vollständiger Voranschläge äußerst einfach ist, doch sei für solche, denen diese nicht zur Verfügung stehen und für vorläufige Überschlagsrechnungen in Tabelle 40 ein Anhalt gegeben; dieselbe enthält die ungefähren Totalkosten der, bis zur Übergabe fertiggestellten, einzelnen Kraftanlagen, getrennt in den Aufwand für Baulichkeiten und den für die Maschineneinrichtung.

Bei einem Zinsfuß von 4 % sind erstere pro M. 1000 mit M. 40 zu verzinsen und mit M. 20 = 2 % zu amortisieren, letztere pro M. 1000 ebenfalls mit M. 40 zu verzinsen und mit einem der täglichen Betriebszeit entsprechenden Prozentsatz zu amortisieren. Als solcher sei wieder der in den »Kosten der Betriebskräfte« angegebene und motivierte in folgender Tabelle eingesetzt.

Tabelle 31.

Jährliche Abschreibung pro M. 1000 Maschinenwert, zuzüglich M. 40 an Zinsen.

Tägliche Betriebszeit in Stunden	Prozentsatz	Betrag in Mark	zuzüglich M. 40 Zinsen
2	3,78	38	78 M.
4	4,14	41	81 »
6	4,5	45	85 »
8	4,86	48	88 »
10	5,22	52	92 »
12	5,58	56	96 »
18	6,66	67	107 »
21	7,2	72	112 »
24	7,74	77	117 »

Überall sind pro M. 1000 Gebäudewert M. 60 an Zinsen und Abschreibungen hinzuzurechnen.

Tabelle 32.

Gesamtanlagekosten von Betriebskräften.

A. Leuchtgasmotoren.

Größe in PS . .	10	20	30	40	50	60	80	100
Maschineller Teil	5000	8000	10000	12000	14000	16000	20000	24000
Baulicher »	500	1000	1500	2000	2500	3000	3500	4000
Insgesamt . . .	5500	9000	11500	14000	16500	19000	23500	28000

B. Sattdampfmaschinen, gewöhnliche.

Größe in PS . .	10	20	30	40	50	60	80	100
Maschineller Teil	5000	8000	11000	14000	17000	20000	24000	28000
Baulicher »	3000	4000	5000	6000	7000	8000	9000	10000
Insgesamt . . .	8000	12000	16000	20000	24000	28000	33000	38000

C. Gute Heißdampfmaschinen.

Maschineller Teil	6000	9000	12000	15000	18000	21000	25000	30000
Baulicher »	3000	4000	5000	6000	7000	8000	9000	10000
Insgesamt . . .	9000	13000	17000	21000	25000	29000	34000	40000

D. Lokomobilen.

Maschineller Teil	6000	9000	12000	15000	18000	21000	25000	30000
Baulicher »	2500	3000	3500	4000	4500	5000	5500	6000
Insgesamt . . .	8500	12000	15500	19000	22500	26000	30500	36000

E. Dampfturbinen.

Maschineller Teil	6000	9000	12000	—	18000	75 PS =	24000	30000
Baulicher »	3000	4000	5000	—	6000	—	7000	8000
Insgesamt . .	9000	13000	17000	—	24000	—	31000	38000

F. Dowsongasanlagen.

Maschineller Teil	7500	11000	13500	16000	19000	22000	27000	32000
Baulicher »	1000	2000	3000	4000	5000	6000	7000	8000
Insgesamt . . .	8500	13000	16500	20000	24000	28000	34000	40000

G. Dieselmotoren.

Maschineller Teil	6000	9000	12000	15000	18000	21000	25500	31500
Baulicher »	500	1000	1500	2000	2500	3000	3500	4000
Insgesamt . . .	6500	10000	13500	17000	20500	24000	29000	35500

H. Bánkimotoren.

Maschineller Teil	6000	8000	15000	18000	22000	—	—	—
Baulicher »	500	1000	1500	2000	2500	—	—	—
Insgesamt . . .	6500	9000	16500	20000	24500	—	—	—

V. Unkosten für besondere Fälle.

a) Reserveteile.

Die Praxis hat gelehrt, daſs es für alle Dauerbetriebe zweckmäſsig ist, wenigstens die der Abnützung am meisten unterliegenden Teile doppelt anzuschaffen, um längere kostspielige Störungen möglichst zu vermeiden.

Solange man mit einzelnen solchen Reservestücken auskommt, übt dies auf die Betriebskosten keinen Einfluſs, wohl aber, wenn ganze Kessel, Maschinen oder dergleichen nötig werden, um gegen Arbeitsunterbrechungen genügend geschützt zu sein und greift man sogar zu dem Mittel, für die gewöhnliche Betriebskraft, z. B. Dampf, eine ganz andere, wie Gas, Elektrizität etc. als Ersatz bereit zu halten, doch bietet dies nur dann gröſsere Sicherheit, wenn beide Betriebsmittel abwechselnd in kurzen Zwischenräumen gebraucht und geübt werden.

In der Regel begnügt man sich mit geringerer Reserve, z. B. bei Dampfanlagen mit einem zweiten Kessel, bei Dowsongasbetrieb mit einer zweiten Einrichtung für die Gasbereitung, bei Lokomobilen mit einem zweiten auswechselbaren Röhrensystem usw. und sieht für die eigentliche Maschine so gut, wie gar nichts vor, da die Erfahrung für Dampfmaschinen gezeigt hat, daſs an ihnen wenig passiert.

Gas- und Ölmotoren werden zwar heute auch in solcher Vollendung geliefert, daſs ein plötzliches »zu Bruch gehen« nicht zu befürchten steht, doch erfordern sie ohne Frage eine peinlichere Instandhaltung, als Dampfmaschinen, weil geringe Mängel schon groſsen Einfluſs auf die Kraftäuſserung und den Brennstoffverbrauch üben; je reiner und vollkommener die Verbrennung in der Maschine vor sich geht, wie beim Diesel- und Bánkimotor, desto weniger hat dies natürlich auf sich; immerhin wird man aber gut tun, solches beim Dowsongasbetriebe im Auge zu behalten.

Wie weit man betreffs der Reserve zu gehen hat, ist nur von Fall zu Fall festzustellen, immer aber ist es nötig, sich darüber möglichst von vornherein klar zu werden.

b) Heizung.

Ein nicht minder wichtiger Punkt ist die ev. Verwendung von Abdampf zu Heizzwecken. Schon wenn er hierfür nur während der kalten Jahreszeit zum Erwärmen der Aufenthaltsräume von Menschen Verwendung finden kann, entspricht dies einer Menge von etwa 25 % des ganzen Kohlenverbrauchs, welcher für die Beschaffung des zum gleichen Zweck erforderlichen direkten Dampfes nötig wäre; wieviel mehr dies ausmacht, wenn sich aller Abdampf während des ganzen Jahres zu Trockenzwecken

u. dgl. benützen läfst, wird sofort klar, wenn man sich vergegenwärtigt, dafs der Heizwert desselben ungefähr noch $^4/_5$ von dem des direkten Dampfes ist; wenn somit der Betriebsdampf einer Auspuffmaschine jährlich M. 3000 kostet, so hat er nach der verrichteten Arbeit noch einen Wert von ca. M. 2400 für Heizzwecke, wenn er, wie in Färbereien, Pappen-, Brikett-, Zuckerfabriken etc., stets gebraucht werden kann.

Dagegen repräsentiert er einen Heizwert von ca. 0,25 · 3000 = M. 750, wenn er sich nur während der Winterzeit verwenden läfst.

Hiernach dürfte es nicht schwer sein, in jedem einzelnen Falle seinen Wert zu bestimmen und in Rechnung zu setzen.

VI. Anwendung der Tabellen.

Aus den vorstehenden Zusammenstellungen lassen sich direkte Ablesungen nicht machen, sondern erfordert jeder gesuchte Wert erst eine kleine Berechnung, die jedoch keine Schwierigkeit bietet, wie folgende Beispiele zeigen.

1. Vorhanden ist ein Brennstoff von 4000 WE, welcher sich auf M. 112 per 10000 kg stellt. Es soll damit eine 40 pfd. Auspuffdampfmaschine an 300 Arbeitstagen à 10 Stunden betrieben werden, doch schwankt die Belastung stark, weshalb die Maschine reichlich bemessen ist und im Mittel nur zu ca. $^3/_4$ beansprucht wird. Wie hoch stellen sich die jährlichen Betriebskosten?

Antwort: Da 1000 WE des Brennstoffs in der Praxis durchschnittlich 1 kg Dampf geben, so sind auf 1 kg Kohle von 4000 WE 4 kg Dampf zu rechnen und kosten demnach 1000 kg Dampf $\frac{11,2}{4}$ = M. 2,80.

a) Kraftkosten. Laut Tabelle 4 für eine 40 pfd. Auspuffmaschine mit $^3/_4$ Belastung M. 2046.—, bei einem Dampfpreis von M. 2,80, also 2046 × 2,8 = ... M. 5730.—
b) Schmieröl, Unterhaltung laut Tabelle 29 = . » 590.—
c) Bedienung laut Tabelle 30 = . . » 1500.—

M. 7820.—

d) Hierzu an Abschreibungen etc., da die Maschinenanlage laut Tabelle 32 M. 14000.—, die Baulichkeiten M. 6000.— geschätzt werden, laut Tabelle 31: 14 × 92 zuzüglich M. 6 × 60 = ... M. 1648.—

insgesamt M. 9468.—

oder pro abgegebene Pferdekraftstunde $\frac{9468}{^3/_4 \cdot 40 \cdot 3000}$ = M. 0,105

= 10,5 Pfennig

oder die gelieferte Pferdekraft im Jahr $\frac{9468}{^3/_4 \cdot 40} = $ M. 315,60 (an 10 Stunden täglich).

2. Der Preis von Solaröl sei M. 14.— per 100 kg. Es soll damit ein Dieselmotor täglich 4 Stunden an 300 Arbeitstagen betrieben werden. Wie hoch stellen sich die Kosten für einen 10 pfd. Motor, welcher etwa ca. $^3/_4$ belastet ist.

Antwort:

a) Die Kraftkosten betragen bei einem Preis von M. 1.— per 100 kg nach Tabelle 26: M. 23,10, also im vorliegenden Fall 14 · 23,10 = ca. . . . . M. 325.—

b) für Schmierung, Instandhaltung sind zu setzen nach Tabelle 26 = ca. . . . . » 100.—

c) für Bedienung nach Tabelle 30 = ca. . . . » 100.—
$\overline{\qquad\qquad}$
M. 525.—

d) Da die Kosten der Anlage sich nach Tabelle 32 belaufen auf M. 6000.— für den maschinellen und M. 500.— für den baulichen Teil, so resultieren daraus an Zinsen etc. laut Tabelle 31: 6 · 81 + 0,5 · 60 = ca. . » 515.—
$\overline{\qquad\qquad}$
zusammen M. 1040.—

oder pro geleistete Pferdekraftstd. $\frac{1040}{4 \cdot 300 \cdot 10 \cdot ^3/_4} = $ M. 0,116 = 11, 6 Pf.

oder die wirklich abgegebene Pferdekraft jährlich $\frac{1040}{^3/_4 \cdot 10} = $ M. 139.—

(an 4 Stunden täglich).

3. Guter Anthrazit von 8000 WE stellt sich auf M. 330.— per 10 000 kg franko Verbrauchsstelle und soll damit eine 80 pfd. Sauggasanlage bei Dreiviertel Belastung und sechs täglichen Betriebsstunden an 300 Tagen betrieben werden. Wie hoch belaufen sich die Kosten?

Antwort:

a) Der Heizwert des Brennstoffs stellt sich auf $\frac{330}{8} = $ M. 42,5 per 1000 WE und 10 Tonnen, wonach sich laut Tabelle 24 ergibt 4,25 · 506 = ca. . . . . M. 2125.—

b) für Schmierung, Instandhaltung laut Tabelle 29 = ca. . » 773.—

c) Bedienung laut Tabelle 30 = ca. . . . . » 1470.—
$\overline{\qquad\qquad}$
M. 4393.—

d) Hierzu für Verzinsung etc. des Anlagekapitals laut Tabelle 32: M. 27 000.— für die Maschinen und M. 7000.— für die Bauten nach Tabelle 31: 27 · 85 + 7 · 60 = ca. . . . . M. 2715.—
$\overline{\qquad\qquad}$
Total M. 7108.—

oder $\dfrac{7108}{6 \cdot 300 \cdot 80 \cdot 0,75}$ = M. 0,066 pro geleistete Pferdekraftstunde.

oder $\dfrac{7108}{80 \cdot 0,75}$ = M. 118,47 pro gelieferte Pferdekraft jährlich (an 6 Stunden täglich).

4. Aufgabe. Preis der Braunkohlenbriketts von 4500 WE sei franko Fabrikhof, einschließlich Aschenabfuhr etc. M. 124.— per 10 000 kg; zu betreiben ist an 300 Arbeitstagen während 12 Stunden täglich eine 50 pfd. Heißdampfturbine mit Kondensation. Wie hoch werden die Kosten, wenn die Turbine stets voll belastet ist?

Antwort:

a) Der Dampfpreis stellt sich auf $\dfrac{12,4}{4,5}$ = M. 2,755, da 1000 WE im Mittel 1 kg Dampf geben; mithin betragen die Kraftkosten laut Tabelle 20: 2,755 · 2294 = rund . . . M. 6320.—

b) An Schmiermitteln etc. ist erforderlich laut Tabelle 29 » 662.—

c) An Bedienung laut Tabelle 30 . . . » 1440.—

M. 8422.—

d) Hierzu an Verzinsung etc. des Anlagekapitals, welches laut Tabelle 32: M. 18000.— für Maschinen und M. 6000.— für Bauten beträgt, laut Tabelle 31: 18·96 + 6 × 60 = ... » 2088.—

zusammen M. 10510.—

oder $\dfrac{10510}{12 \cdot 300 \cdot 50}$ = M. 0,058 pro geleistete Pferdekraftstunde

oder $\dfrac{10510}{50}$ = M. 210.— pro gelieferte Pferdekraft jährlich (an 12 Stunden täglich).

5. Aufgabe. Eine 50 pfd. Compound-Kondensationslokomobile für Heißdampf soll an 300 Tagen von je 10 Betriebsstunden Arbeit verrichten, welche im Mittel ca. $^3/_4$ der Nennleistung entspricht. Als Brennmaterial steht Steinkohle von 7500 WE zur Verfügung, welche einschließlich aller Nebenkosten M. 210.— per 10000 kg franko Kesselhaus kostet. Wie teuer stellt sich der Betrieb?

Antwort:

a) Der Dampfpreis beträgt unter diesen Umständen $\dfrac{21}{7,5}$ = M. 2.80; an Brennstoffkosten entstehen somit nach Tabelle 15: 2,8 · 1117 = rund . . . . M. 3130.—

b) An Schmierung etc. ist vorzusehen laut Tabelle 29 » 840.—

c) An Bedienung desgleichen nach Tabelle 30 . . » 1700.—

M. 5670.—

Übertrag: M. 5670.—

d) Hierzu an Zinsen laut Tabelle 31, da die Anlagekosten für Maschine etwa M. 18 000.—, für Bauten
M. 4500.— laut Tabelle 32 betragen: $18 \cdot 92 + 4{,}5 \cdot 60$
= rund   .   .   .   .   **M. 1930.—**

Total M. 7600.—

oder pro gelieferte Pferdekraftstunde $\dfrac{7600}{300 \cdot 10 \cdot 50 \cdot 0{,}75} =$ M. 0,078

= 7,8 Pfennig

oder pro Pferdekraft jährlich $\dfrac{7600}{50 \cdot 0{,}75} =$ M. 203.—(an 10 Stunden

täglich).

VII. Vergleich der Betriebskosten.

Wie die Ermittlung des Aufwandes der verschiedenen Maschinen im
einzelnen, so bietet auch der Vergleich einer Reihe von ihnen untereinander
keine Schwierigkeit, wenn nur die am Aufstellungsort zu zahlenden Brennstoffpreise bekannt sind.

Als Beispiel für die Aufstellung geeigneter derartiger Tabellen mögen
die folgenden drei gelten, welchen Leipziger Brennstoffpreise unterlegt
sind, die zur Zeit franko Verbrauchsstelle ungefähr betragen:

Leuchtgas   .   .   M. —.12 per cbm
Benzin   .   .   » 22.— per 100 kg
Gasöl   .   .   » 9.50 » » »

Westfälischer Anthrazit, Zeche Langenbrahm, M. 290 per 10 000 kg
Braunkohle von 2300 WE: M. 53.— per 10 000 kg.

Danach berechnen sich die Dampfkosten pro Tonne zu $\dfrac{53}{2{,}3 \cdot 10}$ = ca.
M. 2.30 und der Preis von 1000 WE für die Dowsongaserzeugung zu
$\dfrac{290}{8}$ = M. 36.25. Auf die übrigen direkten Kosten kommt es weniger
an, da sie nach bestem Ermessen für alle Maschinen gleichmäfsig hoch,
bzw. niedrig angesetzt sind; dasselbe gilt von den Anschaffungs- und dadurch bedingten indirekten Kosten.

Obgleich die Tafeln nur für ganz bestimmte Brennstoffpreise gelten,
deren Verhältnis zueinander an anderen Orten ganz anders ausfallen kann,
so lassen sie doch verschiedene allgemein gültige Tatsachen erkennen,
da z. B. bei Vernachlässigung der hohen Spannung der Lokomobilen
für alle durch Dampf betriebenen Motoren der Dampfpreis derselbe ist.

So erscheint der Nutzen der Überhitzung unter Berücksichtigung aller
Nebenumstände verhältnismäfsig gering, wie die Daten für Lokomobilen und

Turbinen zeigen[1]), welche von solchen Werken herrühren, die sowohl Satt-, als Heilsdampfmaschinen bauen, während der Unterschied zwischen stationären Satt- und Heilsdampfmaschinen, die nicht aus derselben Fabrik stammen, ein weit gröfserer ist, was darin seine Erklärung findet, dafs für die Zahlen der ersteren, Maschinen von gewöhnlicher, für die der letzteren, solche von exakter Ausführung angenommen wurden, da es in der Natur der Heilsdampfmaschine liegt, dafs sie von Spezialfachmännern entworfen und ausgeführt sein mufs[2]), wogegen die Sattdampfmaschine durchweg weniger rücksichtsvoll behandelt wird. Bei exakter Ausführung ermäfsigt sich auch ihr Dampfverbrauch und damit der Unterschied gegenüber den mit Heilsdampf betriebenen. Der wirkliche Nutzen der Überhitzung bis zu 325^0 C dürfte bei gleichwertigen Maschinen ungefähr 15% für kleine und 10 % für gröfsere Ausführungen bis 100 PS betragen.

Als weitere Tatsache fällt auf, wie auch bereits Erwähnung fand, dafs die Endergebnisse für Turbinen mit Kondensation sich mit denen der besten anderen Betriebskräfte messen können, während solche ohne Kondensation sich sehr ungünstig stellen, so dafs im allgemeinen als Vorbedingung für eine rationelle Turbinenanlage angesehen werden mufs, dafs sich eine einfache Kondensation leicht anbringen läfst, da die günstigen Gesamtkosten hauptsächlich durch die niedrigen Ausgaben für Wartung und Schmiermittel entstehen, welche durch etwaige komplizierte Kondensationseinrichtungen beeinträchtigt würden.

Die übrigen drei Motorensysteme, also Diesel-, Bánki- und Dowsongasmotor lassen sich mit den vorstehenden nicht ohne weiteres vergleichen, da die Verhältnisse der einzelnen Brennstoffkosten zueinander in den verschiedenen Gegenden sehr ungleich ausfallen; jedenfalls ist aber bei den beiden ersten klar, dafs ihnen überall da hohe Beachtung gebührt, wo geeigneter Brennstoff billig zu haben ist, da sie dann die Dampfmaschinen an Wirtschaftlichkeit erreichen, ja übertreffen. Der Bánkimotor ist zwar in Deutschland noch so gut wie gar nicht eingeführt, teils wohl wegen seines Preises, teils infolge der ihm im Dieselmotor bestehenden Konkurrenz, und endlich wegen der hohen Brennstoffkosten, welche auch der allgemeineren Verbreitung des in allen Einzelheiten vorzüglich durchgebildeten Dieselmotors bisher in vielen deutschen Gauen entgegenstanden.

Der Dowsongasbetrieb wird in den meisten Fällen, abgesehen vom Dieselmotor, billiger als alle übrigen erscheinen, doch ist nicht zu

---

[1]) Ersteren liegen Angaben von R. Wolf, Magdeburg, letzteren solche von Humboldt, Kalk, zugrunde.

[2]) Die Zahlen der Heilsdampfmaschinen entstammen der Ascherslebener Maschinenbau A.-G.

Tabelle 33.   Kosten der Betriebskräfte
I. 4 stündiger Betrieb an 300 Arbeits-
A. 10 Pferde-

Art des Motors	Leucht-gas-motor	Sattdampf-maschinen			Heifsdampf-maschinen		
		Aus-puff-	Kon-dens-	Comp.-Kon-dens-	Aus-puff-	Kon-dens-	Comp.-Kon-dens-
Brennstoff	810	768	—	—	563	—	—
Schmierung u. Unterhaltung	103	103	—	—	124	—	—
Bedienung	100	450	—	—	450	—	—
Zusammen direkte Kosten .	1013	1321	—	—	1137	—	—
dazu indirekte	435	585	—	—	666	—	—
Gesamtbetrag	1448	1906	—	—	1803	—	—

B. 40 Pferde-

Brennstoff	2808	2305	1690	—	1718	1311	—
Schmierung u. Unterhaltung	267	267	267	—	321	321	—
Bedienung	325	750	750	—	750	750	—
Zusammen direkte Kosten .	3400	3322	2707	—	2789	2382	—
dazu indirekte	1092	1494	1494	—	1575	1575	—
Gesamtbetrag	4492	4816	4201	—	4364	3957	—

C. 50 Pferde-

Brennstoff	3466	2737	—	—	2065	—	—
Schmierung u. Unterhaltung	318	318	—	—	318	—	—
Bedienung	400	850	—	—	850	—	—
Zusammen direkte Kosten .	4184	3905	—	—	3233	—	—
dazu indirekte	1284	1797	—	—	1878	—	—
Gesamtbetrag	5468	5702	—	—	5111	—	—

D. 100 Pferde-

Brennstoff	6444	4900	3744	2997	3756	2939	2383
Schmierung u. Unterhaltung	545	545	545	545	654	654	654
Bedienung	625	1150	1150	1150	1150	1150	1150
Zusammen direkte Kosten .	7614	6595	5439	4682	5560	4743	4187
dazu indirekte	2184	2868	2868	2868	3030	3030	3030
Gesamtbetrag	9798	9463	8307	7550	8590	7773	7217

in Reichsmark.
tagen bei Dreiviertel-Belastung.
stärken.

Exakte Lokomobilen				Dampfturbinen				Saug-gas-motor	Diesel-motor	Bánki-motor
Ohne Kondens.				Ohne Kondens.		Mit Kondens.				
Satt-dampf	Heifs-dampf			Satt-dampf	Heifs-dampf	Satt-dampf	Heifs-dampf			
480	—	—	—	922	828	529	492	190	228	576
103	—	—	—	82	103	82	103	124	203	103
450	—	—	—	400	400	400	400	450	100	100
1033	—	—	—	1404	1331	1011	995	764	431	779
636	—	—	—	666	666	666	666	667	516	516
1669	—	—	—	2070	1997	1677	1661	1431	947	1295

stärken.

		Sattdampf-Comp.								
		Ohne Kond.	Mit Kond.							
1708	1451	1451	1083	—	—	—	—	692	798	2033
267	321	267	267	—	—	—	—	321	267	267
750	750	750	750	—	—	—	—	750	325	325
2725	2522	2468	2100	—	—	—	—	1763	1390	2625
1455	1455	1455	1455	—	—	—	—	1536	1335	1578
4180	3977	3923	3555	—	—	—	—	3299	2725	4203

stärken.

			Heifs-dampf Comp.-Kond.							
—	—	—	1258	3218	2882	1921	1778	837	988	2534
—	—	—	382	255	318	255	318	382	318	318
—	—	—	850	600	600	600	600	850	400	400
—	—	—	2490	4073	3800	2776	2696	2069	1706	3252
—	—	—	1728	1818	1818	1818	1818	1839	1608	2262
—	—	—	4218	5891	5618	4594	4514	3908	3314	5514

stärken.

Compoundlokomobilen										
Ohne Kondens.		Mit Kondens.								
Satt-dampf	Heifs-dampf	Satt-dampf	Heifs-dampf							
3381	3073	2459	2268	6532	5801	3363	3073	1573	1824	—
545	654	545	654	436	545	436	545	654	545	—
1150	1150	1150	1150	750	750	750	750	1150	625	—
5076	4877	4154	4072	7718	7096	4549	4368	3377	2994	—
2790	2790	2790	2790	2910	2910	2910	2910	3072	2792	—
7866	7667	6944	6862	10628	10006	7459	7278	6449	5786	—

4*

Tabelle 34. II. 10stündiger Betrieb an 300 Arbeits-
A. 10 Pferde-

Art des Motors	Leucht- gas- motor	Sattdampf- maschinen			Heifsdampf- maschinen		
		Aus- puff-	Kon- dens-	Comp.- Kon- dens-	Aus- puff-	Kon- dens-	Comp.- Kon- dens-
Brennstoff	2026	1569	—	—	1148	—	—
Schmierung u. Unterhaltung	228	228	—	—	274	—	—
Bedienung	200	900	—	—	900	—	—
Zusammen direkte Kosten .	2454	2697	—	—	2322	—	—
dazu indirekte.	490	640	—	—	732	—	—
Gesamtbetrag	2944	3337	—	—	3054	—	—

B. 40 Pferde-

Art des Motors	Leucht- gas- motor	Aus- puff-	Kon- dens-	Comp.- Kon- dens-	Aus- puff-	Kon- dens-	Comp.- Kon- dens-
Brennstoff	7020	4706	3452	—	3507	2675	—
Schmierung u. Unterhaltung	588	588	588	—	706	706	—
Bedienung	650	1500	1500	—	1500	1500	—
Zusammen direkte Kosten .	8258	6794	5540	—	5713	4881	—
dazu indirekte.	1224	1648	1648	—	1740	1740	—
Gesamtbetrag	9482	8442	7188	—	7453	6621	—

C. 50 Pferde-

Art des Motors	Leucht- gas- motor	Aus- puff-	Kon- dens-	Comp.- Kon- dens-	Aus- puff-	Kon- dens-	Comp.- Kon- dens-
Brennstoff	8663	5589	—	—	4217	—	—
Schmierung u. Unterhaltung	700	700	—	—	840	—	—
Bedienung	800	1700	—	—	1700	—	—
Zusammen direkte Kosten .	10163	7989	—	—	6757	—	—
dazu indirekte.	1438	1984	—	—	2076	—	—
Gesamtbetrag	11601	9973	—	—	8833	—	—

D. 100 Pferde-

Art des Motors	Leucht- gas- motor	Aus- puff-	Kon- dens-	Comp.- Kon- dens-	Aus- puff-	Kon- dens-	Comp.- Kon- dens-
Brennstoff	16110	10000	7647	6118	7666	6000	4867
Schmierung u. Unterhaltung	1200	1200	1200	1200	1440	1440	1440
Bedienung	1250	2300	2300	2300	2300	2300	2300
Zusammen direkte Kosten .	18560	13500	11147	9618	11406	9740	8607
dazu indirekte.	2448	3176	3176	3176	3360	3360	3360
Gesamtbetrag	21008	16676	14323	12794	14766	13100	11967

tagen bei Dreiviertel-Belastung.
stärken.

Exakte Lokomobilen				Dampfturbinen				Saug-gas-motor	Diesel-motor	Bánki-motor
Ohne Kondens.				Ohne Kondens.		Mit Kondens.				
Satt-dampf	Heifs-dampf			Satt-dampf	Heifs-dampf	Satt-dampf	Heifs-dampf			
982	—	—	—	1884	1690	1079	1005	446	570	1454
228	—	—	—	183	228	183	228	274	228	228
900	—	—	—	800	800	800	800	900	200	200
2110	—	—	—	2867	2718	2062	2033	1620	998	1882
702	—	—	—	732	732	732	732	750	582	582
2812	—	—	—	3599	3450	2794	2765	2370	1580	2464

stärken.

		Sattdampf-Comp.								
		Ohne Kond.	Mit Kond.							
3491	2965	2965	2213	—	—	—	—	1628	1995	5082
588	706	588	588	—	—	—	—	706	588	588
1500	1500	1500	1500	—	—	—	—	1500	650	650
5579	5171	5053	4301	—	—	—	—	3834	3233	6320
1620	1620	1620	1620	—	—	—	—	1712	1500	1776
7199	6791	6673	5921	—	—	—	—	5546	4733	8096

stärken.

			Heifs-dampf Comp.-Kond.							
—	—	—	2570	6569	5883	3922	3629	1976	2451	6336
—	—	—	840	560	700	560	700	840	700	700
—	—	—	1700	1200	1200	1200	1200	1700	800	800
—	—	—	5110	8329	7783	5682	5529	4516	3951	7836
—	—	—	1926	2016	2016	2016	2016	2048	1806	2174
—	—	—	7036	10345	9799	7698	7545	6564	5757	10010

stärken.

Compoundlokomobilen										
Ohne Kondens.		Mit Kondens.								
Satt-dampf	Heifs-dampf	Satt-dampf	Heifs-dampf							
6902	6274	5021	4628	13335	11753	6863	6275	3709	4560	—
1200	1440	1200	1440	960	1200	960	1200	1440	1200	—
2300	2300	2300	2300	1500	1500	1500	1500	2300	1250	—
10402	10014	8521	8368	15795	14453	9323	8975	7449	7010	—
3120	3120	3120	3120	3240	3240	3240	3240	3424	3138	—
13522	13134	11641	11488	19035	17693	12563	12215	10873	10148	—

Tabelle 35. III. 21 stündiger Betrieb an 300 Arbeits-

A. 10 Pferde-

Art des Motors	Leucht-gas-motor	Sattdampf-maschinen			Heifsdampf-maschinen		
		Aus-puff-	Kon-dens-	Comp.-Kon-dens-	Aus-puff-	Kon-dens-	Comp.-Kon-dens-
Brennstoff	4253	3009	—	—	2199	—	—
Schmierung u. Unterhaltung	455	455	—	—	546	—	—
Bedienung	450	2025	—	—	2025	—	—
Zusammen direkte Kosten .	5158	5489	—	—	4770	—	—
dazu indirekte	590	740	—	—	852	—	—
Gesamtbetrag	5748	6229	—	—	5622	—	—

B. 40 Pferde-

Brennstoff	14742	9025	6620	—	6723	5129	—
Schmierung u. Unterhaltung	1177	1177	1177	—	1413	1413	—
Bedienung	1462	3375	3375	—	3375	3375	—
Zusammen direkte Kosten .	17381	13577	11172	—	11511	9917	—
dazu indirekte	1464	1928	1928	—	2040	2040	—
Gesamtbetrag	18845	15505	13100	—	13551	11957	—

C. 50 Pferde-

Brennstoff	18191	10718	—	—	8087	—	—
Schmierung u. Unterhaltung	1399	1399	—	—	1679	—	—
Bedienung	1800	3825	—	—	3825	—	—
Zusammen direkte Kosten .	21390	15942	—	—	13591	—	—
dazu indirekte	1718	2324	—	—	2436	—	—
Gesamtbetrag	23108	18266	—	—	16027	—	—

D. 100 Pferde-

Brennstoff	33832	19180	14667	11732	14704	11508	9327
Schmierung u. Unterhaltung	2400	2400	2400	2400	2880	2880	2880
Bedienung	2812	5175	5175	5175	5175	5175	5175
Zusammen direkte Kosten .	39044	26755	22242	19307	22759	19563	17382
dazu indirekte	2928	3736	3736	3736	3960	3960	3960
Gesamtbetrag	41972	30491	25978	23043	26719	23523	21342

tagen bei Dreiviertel-Belastung.
stärken.

Exakte Lokomobilen				Dampfturbinen				Saug-gas-motor	Diesel-motor	Bánki-motor
Ohne Kondens.				Ohne Kondens.		Mit Kondens.				
Satt-dampf	Heifs-dampf			Satt-dampf	Heifs-dampf	Satt-dampf	Heifs-dampf			
1890	—	—	—	3611	3243	2070	1925	867	1197	3058
455	—	—	—	364	455	364	455	546	455	455
2025	—	—	—	1800	1800	1800	1800	2025	450	450
4370	—	—	—	5775	5498	4234	4180	3438	2102	3963
822	—	—	—	852	852	852	852	900	702	702
5192	—	—	—	6627	6350	5086	5032	4338	2804	4665

stärken.

		Sattdampf-Comp.								
		Ohne Kond.	Mit Kond.							
6693	5686	5686	4241	—	—	—	—	3187	4190	10670
1177	1413	1177	1177	—	—	—	—	1413	1177	1177
3375	3375	3375	3375	—	—	—	—	3375	1462	1462
11245	10474	10238	8793	—	—	—	—	7975	6829	13309
1920	1920	1920	1920	—	—	—	—	2032	1800	2136
13165	12394	12158	10713	—	—	—	—	10007	8629	15445

stärken.

			Heifs-dampf Comp.-Kond.							
—	—	—	4927	12600	11282	7523	6958	3861	5150	13310
—	—	—	1679	1120	1399	1120	1399	1679	1399	1399
—	—	—	3825	2700	2700	2700	2700	3825	1800	1800
—	—	—	10431	16420	15381	11343	11057	9365	8349	16509
—	—	—	2286	2376	2376	2376	2376	2428	2166	2614
—	—	—	12717	18796	17757	13719	13433	11793	10515	19123

stärken.

Compoundlokomobilen										
Ohne Kondens.		Mit Kondens.								
Satt-dampf	Heifs-dampf	Satt-dampf	Heifs-dampf							
13237	12034	9628	8876	25572	22563	13163	12034	7250	9576	—
2400	2880	2400	2880	1920	2400	1920	2400	2880	2400	—
5175	5175	5175	5175	3375	3375	3375	3375	5175	2812	—
20812	20089	17203	16931	30867	28338	18458	17809	15305	14788	—
3720	3720	3720	3720	3840	3840	3840	3840	4064	3768	—
24532	23809	20923	20651	34707	32178	22298	21649	19369	18556	—

verkennen, daſs ihm noch eine Reihe Unvollkommenheiten anhaften, welche
diese Billigkeit wieder beeinträchtigen. Am unangenehmsten zeigt sich
hierin gerade der gerühmte Sauggasbetrieb, indem dieser eine Kontrolle
des erzeugten Gases ausschlieſst, wodurch sich kaum vermeiden läſst, daſs
sowohl die Wasserzufuhr für die Dampfentwicklung, als auch die Gas-
bildung selbst eine ungleichmäſsige wird, wodurch leicht Betriebsunterbrechungen entstehen; man ist deshalb, wie schon erwähnt, vielfach zum
gemischten Saug- und Druckbetrieb, übergegangen, doch bleiben seine
Kosten, wie die Tabellen zeigen, wenig hinter denen guter Heiſsdampf-
lokomobilen zurück.

Recht unbequem können auch die Abwässer von Scrubbern und
Waschern werden, da ihre Beschaffenheit keineswegs erlaubt, daſs sie ohne
weiteres in ein öffentliches Gewässer abgelassen werden, was bei groſsen
Anlagen unter Umständen Schwierigkeiten bereitet, indem die Menge derartiger Wässer sich auf mindestens 10 Liter pro Stunde und Pferdestärke
beläuft, also bei einem 100pfd. Motor auf täglich ca. 10 cbm.

Vor allen Dingen ist die Billigkeit des Betriebes aber abhängig vom
Preise des Brennstoffes selbst und ist dieser noch recht schwankend; es
steht zu befürchten, daſs er mit zunehmender Verbreitung der Dowsongasbetriebe weiter steigen wird, da man in der Hauptsache, trotz aller
anderweitigen Anpreisungen, auf Anthrazit, und zwar möglichst reinen,
angewiesen ist.

Gute Resultate mit andern Brennstoffen, auſser Holz, welches sich in
Frankreich bewähren soll, sind bisher nur von der Gasmotorenfabrik
Deutz bekannt geworden, und so oft man auch angegeben findet, daſs
Koks sich für die Erzeugung eigne, so wenig wird derselbe doch im
ganzen dazu genommen, höchstens in Vermischung mit Anthrazit.

Noch weniger sind Anlagen für Braunkohle ausgeführt, und zwar
unseres Wissens mit Erfolg nur die schon erwähnte von der Gasmotorenfabrik Deutz, deren Generator allen Anforderungen zu genügen scheint.

Die durch Anwendung dieses Brennstoffes zu erzielenden Ersparnisse können natürlich ziemlich hoch werden, wie eine kurze Berechnung zeigt. Bei dem Preise von M. 53 pro 10000 kg Braunkohle von
2300 WE, wie er den vorstehenden Tafeln zugrunde liegt, kosten 1000
WE $\frac{53}{2,3}$ = M. 23.—, gegen M. 36.25 bei Herstellung aus Anthrazit. Es ver-
mindert sich mithin der Brennstoffaufwand einer 100pfd. Anlage bei täglich
10stündigem Betrieb, laut Tabelle 34, um $\frac{3709\,(36,25 + 23)}{36,25}$ = ca. M. 1350,
so daſs die Gesamtkosten sinken auf etwa M. 9500, gegenüber ca. M. 11500
bei Heiſsdampfbetrieb.

Hierzu ist allerdings Bedingung, daſs der Braunkohlengasbetrieb auch
ebenso tadellos funktioniert, was vorläufig noch nicht als sicher angesehen
werden kann.

VIII. Schlußbetrachtungen.

Prüft man die vorstehenden Ergebnisse genauer, so ist kaum zu verkennen, daß unsere alte, uns lieb gewordene Sattdampfmaschine, mit der wir groß wurden und uns eingelebt haben, allmählich etwas ins Hintertreffen kommt, selbst wenn wir ihren Brennstoffaufwand für vorzüglich ausgeführte exakte Maschinen noch um 10 % geringer, als geschehen, annehmen wollten.

Trotzdem vermögen diejenigen von ihnen, deren Abdampf sich teilweise oder ganz zu Heiz- oder Trockenzwecken ausnützen läßt, erfolgreich mit allen übrigen Systemen zu konkurrieren, wie bereits angedeutet wurde.

Nehmen wir beispielsweise an, daß sämtlicher Abdampf einer 100 pfd. Sattdampfmaschine während eines täglich 21 stündigen Betriebes, der einen jährlichen Aufwand von M. 19 000 erfordert, für eine Trockenanlage verwendbar ist, so repräsentiert dies einen jährlichen Betrag von M. 14—15 000, der für Erzeugung direkten Dampfes nötig wäre, wenn kein Abdampf zur Verfügung stände, da dieser ca. $^4/_5$ des Heizwerts von direktem Dampf hat.

Rechnet man diese ca. M. 15 000 zu den totalen Betriebskosten einer andern Maschinengattung, z. B. einer 100 pfd. Sauggasanlage = ca. M. 19 000 hinzu, so ergibt dies M. 34 000, welche zu zahlen wären für Sauggasbetrieb und besondere Beheizung der Trockenanlage, gegenüber ca. M. 31 000 bei Verwendung einer einfachen Auspuffmaschine, wobei noch nicht einmal der im andern Fall nötige Kessel und Kesselwärter berücksichtigt wurde!

Dasselbe gilt natürlich für Abdampf von Lokomobilen und Heißdampfmaschinen, da letzterer die für Heizzwecke erwünschte Feuchtigkeit durch seine Arbeitsleistung in der Maschine wieder erlangte.

Ist auf eine derartige Verwertung des Abdampfes nicht zu rechnen, so bleiben dem Dampfbetrieb noch alle diejenigen Fälle vorbehalten, wo es sich um ungleichmäßige Beanspruchung, oder successive Vergrößerung der Anlagen handelt, da hierfür Gas- und Ölmotoren nicht mit Vorteil zu verwenden sind, weil sie bei zu geringer Belastung unökonomisch arbeiten, bei Überschreitung der Normalbeanspruchung aber überhaupt versagen.

Beim Dampf dagegen hat man es durch größere Füllung, oder dergleichen, in der Hand, die Leistung einer Maschine noch um nahezu die Hälfte zu steigern, ohne etwas befürchten zu müssen und ohne daß dadurch der Wirkungsgrad in unzulässiger Weise litte.

Am vorteilhaftesten erweist sich die Anwendung überhitzten Dampfes; von den Maschinenformen steht die Lokomobile obenan, denen die ortsfeste Compound-Kondensationsmaschine und die Turbine folgen.

Die Lokomobile besitzt den weiteren Vorzug, daß sie sich bei sehr umfangreicher Vergrößerung des Betriebes außerordentlich leicht durch eine andere auswechseln läßt, hat aber anderseits auch Nachteile, die gelegentlich ausschlaggebend werden können.

Der eine besteht in der Verbindung des Kessels mit der Maschine, welche eins vom andern abhängig macht, der andere in der Ausbildung des Kessels selbst, indem die vielen und dicht beieinander liegenden Siederöhren desselben die Reinhaltung sehr erschweren bei Wasser, welches viel Kesselstein absetzt, welchem Punkte besondere Aufmerksamkeit zu widmen ist.

Für ortsfeste Anlagen, welche keine Betriebsunterbrechungen, wie Kesselreinigen etc. dulden, ist deshalb durchweg vorzuziehen, zwei Kessel, bzw. einen Reservekessel aufzustellen mit einer ebenfalls ortsfesten Maschine. Verwendungsarten für die Lokomobile bleiben außerdem eine ganze Reihe: in erster Linie alle provisorischen Anlagen, wobei das Provisorium sich nicht nur auf Tage zu erstrecken braucht, sondern auch einige Jahre dauern kann; oder wenn für einen, sich nicht über den ganzen Tag erstreckenden Betrieb schnelle Bereitschaft im Bedarfsfalle nötig, ein Gas- oder Ölmotor aber nicht anwendbar ist; oder wenn die räumlichen Verhältnisse die Einrichtung eines Kessel- und Maschinenhauses nicht gestatten — in allen diesen Fällen wird die Lokomobile eine willkommene Betriebskraft abgeben.

Für die eigentlichen ortsfesten Anlagen mit Dampfbetrieb ist der gewöhnlichen Dampfmaschine aber ein anderer sehr achtungswerter Gegner in der Dampfturbine mit Kondensation erwachsen, deren günstige Resultate jedoch hauptsächlich auf die geringen Kosten für Schmieröl, Instandhaltung und Wartung zurückzuführen sind. Der Brennstoffverbrauch ist zwar auch kein hoher, jedoch immerhin noch etwas größer, als bei guten Dampfmaschinen, die mit derselben Dampfspannung arbeiten. — Nimmt man jedoch von vornherein eine hohe Spannung, bzw. Überhitzung in Aussicht, da die Turbine beide besser aushält, als es die gebräuchlichen Maschinen tun, so steht sie diesen auch im Dampf-, bzw. Kohlenverbrauch nicht nach.

Trotzdem hat sie bisher im Deutschen Reich keine große Verbreitung gefunden, doch darf angenommen werden, daß das Interesse jetzt für sie erwacht. Besonders werden von der Marine, sowie von den Elektrizitätsgesellschaften neuerdings vielfach große Parsonsche Turbinen angewendet, und ist anzunehmen, daß die Privatindustrie diesem Vorgehen mit kleineren Turbinen in nicht zu ferner Zeit folgt, wenigstens dort, wo es sich um direkten Antrieb rotierender Maschinen, wie Dynamos, Gebläse, Jägerpumpen etc., handelt. Unter allen Umständen verdient die Turbine aber bei Neuanlagen mit in Erwägung gezogen zu werden.

Von den durch Dampfkraft betriebenen, unterscheiden sich die Gas- und Ölmotoren in der Hauptsache dadurch, daß sie, um einen guten Wirkungsgrad zu ergeben, möglichst in den Grenzen zwischen voller und dreiviertel der Nennleistung belastet sein müssen, so daß die Maschinen sich am besten eignen für Leistung einer möglichst wenig schwankenden

Arbeit, die ein bestimmtes Maß nie überschreitet. Ihre besonderen Vorzüge bestehen erstens in der steten, sofortigen Betriebsbereitschaft, wodurch sie für Betriebe, welche nur stundenweise arbeiten, unübertroffen sind, und zweitens in dem fast völligen Wegfall der Wartung, infolgedessen sie für kleine und mittlere Leistungen die billigste Betriebskraft bilden, wenn der von ihnen benötigte Brennstoff nicht zu hoch im Preise steht, wie ein Vergleich der Leuchtgas- und Dieselmotoren mit den durch Dampfkraft betriebenen lehrt. (Siehe Tabelle 33—35).

Gerade diese beiden Vorzüge besitzt aber der gegenwärtige Hauptvertreter dieser Maschinengruppe, der Dowsongasmotor nicht, indem er sowohl des Anheizens, als aufmerksamer Wartung bedarf, und besteht sein einziger, aber auch ausschlaggebender Vorzug, in sehr geringem Bedarf an Brennmaterial.

Dieser ist nicht zu bestreiten, und wenn seine Wirkung in manchen Fällen auch teilweise durch andere Kosten abgeschwächt wird und er schließlich nur einen Teil der gesamten Betriebsausgaben bildet, so bleiben letztere doch unter normalen Verhältnissen immer niedriger, als die anderer Betriebskräfte.

Der Unterschied zwischen den Totalkosten ist aber viel geringer, als es der unter den bloßen Brennstoffkosten war und läßt die Frage aufkommen, ob er nicht leicht durch Folgen von Bedienungsfehlern ausgeglichen werden kann und ob er ein ausreichendes Äquivalent bietet für die größere Anpassungsfähigkeit und vielseitigere Verwendbarkeit des Dampfbetriebes?

Nach dem heutigen Stand des Generatorbaues, bzw. der Gaserzeugung läßt sich dies nicht bejahen, da schon eine einwandfreie Vergasung anderer Brennstoffe, als Anthrazit, oder Anthrazit mit Koks gemischt, zu den Ausnahmen gehört.

Wie schon erwähnt, ist es bisher nur der Gasmotorenfabrik Deutz gelungen, einen brauchbaren Generator für Braunkohle vorzuführen und sind desgleichen verhältnismäßig wenige Anlagen für reinen Koksbetrieb ausgeführt, denn die damit verbundenen Schwierigkeiten wiegen meistens den billigeren Brennstoffpreis wieder auf.

Selbst nicht jeder Anthrazit läßt sich gut vergasen und sind daher vor befriedigender Lösung dieser Frage die speziell an den »Sauggasbetrieb« geknüpften Erwartungen als übertrieben, oder mindestens verfrüht, zu bezeichnen, denn dadurch, daß es einzelnen hervorragenden Firmen infolge vieljähriger Bemühungen und kostspieliger Versuche gelungen ist, wirklich gute Resultate auf diesem Gebiete zu erzielen, ist noch lange nicht erwiesen, daß nunmehr jede Sauggasanlage etwas Vollkommenes und für alle Zwecke Geeignetes sein muß.

Werden doch im Gegenteil recht viele aufgestellt, wo andere Kräfte besser am Platze wären, wie beispielsweise für kleine, nur stundenweise täglich arbeitende Wasserwerke. Der Dowsongasmotor hat ebenso, wie alle andern Motorenarten, sein besonderes Verwendungsgebiet, ist aber keineswegs eine Universalmaschine, wie vielfach geglaubt zu werden scheint, und wird eine solche auch bei geringerem Preise des Rohmaterials nicht werden, selbst wenn man das für eine Anzahl Motoren nötige Gas in einer gemeinsamen Zentrale erzeugt.

Allerdings ist der Gedanke bestechend, dasselbe in Zukunft gleich am Fundort der Kohle herzustellen, und es als solches den entfernt gelegenen Verbrauchsstellen zuzuführen, so dafs jeder einzelne Motor immer betriebsbereit wäre, wie ein Elektromotor, wenig Platz und Bedienung brauchte und nichts mit Kohlentransport und Gasbereitung zu tun hätte.

Untersuchen wir deshalb, wie sich die Sache in der Ausführung ungefähr macht und nehmen an, dafs die bereits mehrfach erwähnte mitteldeutsche Braunkohle von 2300 WE zum Preise von M. 35 ab Zeche, oder ca. M. 53 in einem nur 7 km davon entfernten Ort, zur Verfügung stände und an diesem Ort 10 Stück 100pfd. Maschinen täglich 10 Stunden zu betreiben seien.

Die Transportkosten der Kohle sind also besonders hoch für die kurze Entfernung angenommen und ebenso müssen es die Transportmengen werden, da der Heizwert des Brennstoffs sehr niedrig ist.

1000 WE davon kosten nach früherem im einen Falle $\frac{53}{2,3} = $ M. 23, und im andern $\frac{35}{2,3} = $ M. 15.22, oder die Transportersparnis $23 + 15,22 = $ M. 7.78 pro 1000 WE.

Nach Tabelle 24 werden im ersten Fall jährlich gebraucht für eine 100pfd. Maschine bei 10stündiger Betriebszeit $2,3 \cdot 1221 = $ M. 2808, im zweiten $1,522 \cdot 1221 = $ M. 1858 und erspart man demnach $2808 - 1858 = $ M. 950, bei 10 Maschinen also M. 9500, jährlich.

Diesem Gewinn stehen gegenüber die Kosten, welche aus Trennung der Gaserzeugungs- und Verbrauchsstätte erwachsen und welche sich zusammensetzen aus:

a) Kosten der Kompression des Gases für den Transport,
b) Instandhaltung, Verzinsung und Amortisation der Rohrleitung,
c) Verluste durch Undichtigkeiten derselben,
d) Mehraufwand für getrennte Verwaltung etc.

Da der Heizwert des Gases ungefähr 1100—1200 WE per cbm betragen wird, so benötigt eine 100pfd. Maschine bei einem Verbrauch von 2700 Gas-Wärmeeinheiten rund $2\frac{1}{2}$ cbm pro Pferdestärke, also für 1000 PS ca. 2500 cbm stündlich.

Nehmen wir an, dafs diese, um enge Rohrleitungen zu erhalten, auf etwa 1900 cbm, entsprechend ca. 3 m Wassersäule komprimiert werden, so erfordert dies eine Kraft von ca. 40 PS, sowie einen Durchmesser für die Leitung von mindestens 275 mm, welcher jedoch mit Rücksicht darauf, daſs dieselbe kaum in schnurgerader Richtung, sondern nur mit Bogen, Winkeln etc. verlegt werden kann, auf 300 mm zu erhöhen ist.

Eine derartige Leitung wird kaum unter M. 16 per laufenden Meter, einschlieſslich Erdarbeiten, herzustellen sein, insgesamt also 7000 · 16 = M. 112 000 Aufwand verursachen, wozu noch die ev. Entschädigungen an die Grundstückbesitzer, Entwässerungen, Fassonstücke etc. kommen, so daſs die Gesamtherstellungskosten mit M. 120 000 nicht zu hoch gegriffen sind.

Hiernach stellen sich die obigen Ausgaben ungefähr, wie folgt:

a) Gaskompression = den Betriebskosten eines 40 pfd. Motors laut Tabelle 71 ca. . . . . M. 5500.—
b) Instandhaltung, Verzinsung und Amortisation der Leitung = 8 % von M. 120 000 . . . . » 9600.—
c) Verluste durch Undichtigkeiten . . . » 1400.—
d) Mehraufwand für getrennte Verwaltung . . . » 2500.—

zusammen ca. M. 19 000.—

gegen M. 9500, welche durch die Einrichtung zu ersparen waren.

Es ist somit weit billiger den Brennstoff, als das Gas, zu transportieren.

Auſserdem werden auch die Anlagekosten für letzteres gröſser, laut nachstehendem Überschlag:

Anstatt einer einzigen Gasanlage von 1000 PS werden zweckmäſsig mehrere kleine hergestellt, von zusammen etwas gröſserer Leistung, um einige Reserve zu haben. Man wird also vielleicht 5 Anlagen, à 250 PS wählen, deren Gesamtkosten auf mindestens M. 80 000 zu veranschlagen sind.

Hierzu kommen die Kosten von 10 Stück 100 pfd. Motoren = ca. M. 280 000 und die eines 40 pfd. mit Pumpe = ca. M. 15 000.

Es ist für die ganze Einrichtung also ungefähr zu rechnen:

1. Gasanlage . . . . M. 80 000.—
2. Rohrleitung . . . . » 120 000.—
3. Motor mit Pumpe . . . » 15 000.—
4. 10 Gasmotoren à 100 PS . » 280 000.—
5. Unvorhergesehenes . . . » 5 000.—

Total M. 500 000.—

Demgegenüber betragen die Gesamtkosten von 10 Stück 100 pfd. Einzelanlagen, à M. 40 000 laut Tabelle 32 = M. 400 000, also rund M. 100 000 weniger. Nun ist nicht gesagt, daſs die in vorstehendem gewählte Kompression die wirtschaftlich günstigste ist, sondern es kann sich eine andere vielleicht als noch besser erweisen, doch übt dies keinenfalls einen so erheblichen Einfluſs aus, daſs es am Gesamtresultat viel ändert.

Wenn daher auf diesem Wege etwas erreicht werden soll, kann es
nur mit besserem Gas von größerem Heizwert geschehen, welches also
kein Dowsongas mehr ist und voraussichtlich entsprechend mehr kostet,
oder man transportiert den Rohstoff in Form von Öl (Paraffin- oder
Gasöl) und betreibt Dieselmotoren damit; bei großen Entfernungen wird
die Beförderung per Bahn mittels Kesselwagen aber auch hier billiger,
da der Frachtsatz pro 100 kg für 500 km nur M. 1,22, für 1000 km sogar bloß M. 2,32 beträgt.

Dadurch ist die Möglichkeit geschaffen, ganz Deutschland mit billigem
Brennstoff zu versorgen, vorausgesetzt, daß derselbe überhaupt in den
nötigen Mengen produziert wird. Das Öl wird, außer im sächsisch-thü-
ringischen Braunkohlenberirk, auch noch gewonnen im Elsaß, in Hessen
und in neuerer Zeit in Wietze (Hannover), und zwar so reichlich, daß
nach den Angaben des Verkaufssyndikats für Paraffinöle in Halle obige
Befürchtungen unnötig sind. Es liegt somit kaum noch ein stichhaltiger
Grund vor, anstatt des Dowsongasbetriebes nicht den weit saubereren und
zuverlässigeren mit Dieselmotoren zu wählen.

Wenn also einmal Propaganda gemacht werden soll, dann doch für
Diesel, nicht für »Sauggas«, und nur für solche Fälle, wo Gas- oder Öl-
betrieb überhaupt angebracht ist.

Interesse bietet es endlich noch, die Kosten der Pferdestärke bei
verschiedenen Anlagen zu vergleichen, und sind dieselben in nachstehen-
der Tabelle (36) für ein Jahr von 300 Arbeitstagen à 10 Stunden und die
gebräuchlichsten Betriebsarten nach den, in den Kosten der Betriebskräfte
enthaltenen Angaben zusammengestellt.

Tabelle 36.

Herstellungskosten einer Pferdestärke in Reichsmark pro Jahr
von 300 Arbeitstagen à 10 Stunden.

Größe der Anlage in PS . .	1	2	5	10	20	30	40	60	80	100
a) Elektr. Antrieb, mit Strom aus städt. Zentralen, à 20 Pf. pro Kilowattstunde . . .	680	640	590	550	—	—	—	—	—	—
b) Gasmotoren, und 12 Pf. Gas-preis pro cbm	600	500	400	320	300	280	260	250	—	—
c) Sattdampfmaschinen, und M. 2,50 Dampfpreis pro 1000 kg	—	—	—	Auspuff-maschinen 390	320	280	Kondens.-Maschinen 220	Compound-Kondensations-maschinen 175	160	150

Die Zahlen entsprechen häufiger vorkommenden Verhältnissen und gelten für volle Dauerbelastung; sie enthalten keine Nebenausgaben für Verwaltung, Reserve, ungleichmäfsige Belastung und vor allem nicht für die Übertragung der Kraft, da sich die Beträge hierfür ganz nach den lokalen Verhältnissen richten.

Eine Ausnahme macht allenfalls die elektrische Übertragung, für welche bei den meistens zur Verwendung kommenden kleinen Elektromotoren anzunehmen ist, dafs ca. 1,4 PS von der Dampfmaschine aufgewendet werden müssen, um 1 eff. PS an der Welle des Elektromotors abgeben zu können.

Danach kostet die Kilowattstunde bei Erzeugung durch vorstehende Dampfmaschinen, in Anlagen von:

10	20	30	40	60	80	100	PS
25—30	20—25	16—20	14—18	12—15	11—14	10—12	Pfennige

Hieraus ergibt sich:

1. Anlagen, welche sich mit Abgabe von elektrischer Energie zu 20 Pf. pro Kilowattstunde oder mechanischer Kraft zu dem vielfach üblichen Satz von 300 Mark pro PS und Jahr, bzw. 10 Pf. pro Pferdekraftstunde befassen, sollten nicht weniger, als ca. 50 PS haben.

2. Dauerleistungen bis zu etwa 10 PS sind billiger zu ermieten, als selbst zu erzeugen.

3. Für die Kleinindustrie ist die Schaffung grofser Kraftzentralen mit rein mechanischem Antrieb erwünscht, in welchen die verbrauchte Kraft, gerade wie bei den Elektrizitätswerken, durch automatische Zählwerke registriert und danach bezahlt wird, allenfalls unter Zugrundelegung eines etwas höheren Einheitspreises.

Ganz unberücksichtigt sind sowohl Sauggas-, als Dieselmotoren und Heifsdampfmaschinen geblieben, und zwar weil Sauggas sich für schwankende, oder teilweise Belastung wenig eignet, und Dieselmotoren, wie Heifsdampfmaschinen nicht unter 8 PS gebaut werden, auch kamen diese Systeme bisher für Kraftvermietung nicht in Frage. — Als Anhalt für ihre Kosten mag folgende Aufstellung dienen, welche nach den vorstehenden Tabellen berechnet wurde:

Jährliche Kosten einer Pferdestärke in Reichsmark:

Gröfse der Anlage in PS	10	40	100
a) Dieselmotor mit Gasöl, à M. 9,50 pro 100 kg	180	130	115
b) Sauggas aus Anthrazit von 8000 W. E., zu M. 2,90 pro 100 kg	240	140	120
c) Heifsdampf, zu M. 2,50 pro 1000 kg Sattdampf . . .	330	180	130

Alle diese Werte erfahren durch die Verzinsung und Amortisation der Kraftübertragungseinrichtungen, sowie die in grofsen Städten sehr hohen Mietpreise der Kraftlokale eine oft nicht unbedeutende Erhöhung, was bei Gebrauch derselben wohl zu bedenken ist.

Die letzten Zusammenstellungen lassen aber deutlich erkennen, dafs der Unterschied im Preis der Pferdestärke bei den besseren Systemen sich um so mehr verringert, je gröfser die Anlagen werden, und es ist anzunehmen, dafs er in solchen von einigen hundert Pferdestärken ganz verschwindet, resp. dafs dafür die Dampfkraft allein das Feld behauptet, mit Ausnahme des Bedarfs der Eisen- und Kohlenwerke, auf welchen die Gicht- und Koksofengase und deren Motoren bereits gesiegt haben. Diese gehören aber nicht in den Kreis unserer Betrachtungen, der sich nur auf Leistungen bis ca. 100 PS bezieht.

Anhang.

Verbrauchsziffern hervorragender Firmen.

a) Aschersleber Maschinenbau-Aktiengesellschaft.

Heifsdampfmaschinen.

Einzylinder-Auspuffmaschinen. Admissionsdruck 6—8 Atm.

Leistungen	10	20	30	40	50	60	80	100	Netto-PS
Heifsdampfverbrauch pro Stunde u. eff. PS	14,3	12,8	11,7	11	—	—	—	—	Kolbenschieber
	—	—	—	—	9,7	9,6	9,1	8,8	Ventilsteuerung

Einzylinder-Kondensationsmaschinen. Admissionsdruck 6—8 Atm.

Leistungen	30	40	60	80	100	Netto-PS
Heifsdampfverbrauch pro Stunde u. eff. PS	9,2	—	—	—	—	Kolbenschieber
	—	7,6	7,5	7,3	7,1	Ventilsteuerung

Verbund-Kondensationsmaschinen. Admissionsdruck 9—10 Atm.

Leistungen	60	80	100	Netto-PS
Heifsdampfverbrauch pro St. u. eff. PS	7,4	7,1	6,8	Kolbenschieber
	5,9	5,65	5,4	Ventilsteuerung

b) R. Wolf, Magdeburg.

Lokomobilen.

Admissionsdruck 9—12 Atm.

Einzylinder-Auspufflokomobilen für Sattdampf.

Leistungen	10	20	30	
Dampfverbrauch pro Stunde u. eff. PS $\{$	12,8 — 13,8	12,5 — 13,5	12,1 — 12,8	$\}$ kg

Compound-Lokomobilen ohne Kondensation für Sattdampf.

Leistungen	30	40	50	60	80	100	Netto-PS
Dampfverbrauch pro Stunde u. eff. PS $\{$	9,4 — 11	9,4 — 10,5	9,4 — 10,5	9,2 — 10,3	9,2 — 10,3	9,2 — 10,3	$\}$ kg

Desgl. mit Kondensation.

Dampfverbrauch pro Stunde u. eff. PS $\{$	7,5 — 8,2	7,25 — 8	7 — 7,6	6,8 — 7,5	6,7 — 7,4	6,6 — 7,3	$\}$ kg

Einzylinder-Auspufflokomobilen für Heifsdampf.

Leistungen	30	40	50	60	80	100	
Dampfverbrauch pro Stunde u. eff. PS $\{$	8,7 — 9,7	8,54 — 9,6	8,5 — 9,6	8,4 — 9,5	8,3 — 9,4	8,2 — 9,3	kg Heifsdampf

Compound-Lokomobilen für Heifsdampf, ohne Kondensation.

Dampfverbrauch pro Stunde u. eff. PS $\{$	— —	— —	7,4 — 8	7,3 — 7,9	7,2 — 7,8	7,1 — 7,7	kg Heifsdampf

Compound-Lokomobilen für Heifsdampf, mit Kondensation.

Dampfverbrauch pro Stunde u. eff. PS $\{$	— —	— —	5,8 — 6,4	5,6 — 6,2	5,5 — 6,1	5,4 — 6	$\}$ kg Heifs dampf

c) Dieselmotoren der Vereinigten Maschinenfabrik Augsburg
und Maschinenbaugesellschaft Nürnberg A.-G.

Leistungen	10	20	30	40	50	60	80	100	Netto-PS
Verbrauch in Gramm pro Stunde u. eff. PS $\{$	230 Zwei- zylindrig:	210 215	200 210	195 205	195 200	190 195	185 195	185	Brennstoff von 10000 WE. pro kg

d) Maschinenbauanstalt »Humboldt«, Kalk bei Köln a. Rh.

De Lavals Dampfturbinen.

Sattdampfturbinen, mit freiem Auspuff.

Dampf-überdruck in den Turbinen in kg	Gröfse in effektiven Pferdestärken						
	10	15	20	30	50	75	100
3	31	28,5	31	28	28	26,5	31
4	28,7	26,2	27,5	24,5	24,5	23	26,5
5	27	25	25,5	22,8	22	21	23,5
6	26	23,8	23,8	21,3	20,5	19,5	21,5
7	25	22,8	22,5	20,3	19,5	18,5	20
8	24	21,8	21,5	19,5	18,7	17,7	19
9	23	20,9	20,5	18,7	18,2	17,2	18,3
10	22	20,1	19,7	18,1	17,7	16,7	17,6
11	21	19,4	18,9	17,7	17,2	16,2	17
12	20	18,7	18,2	17,3	16,2	15,8	16,6

bei 64 cm Vakuum im Kondensator, ohne den Aufwand für die Luftpumpen:

3	16	15,5	13,6	13,2	12,4	12,1	11,3
4	15,4	14,9	13	12,5	11,9	11,6	10,8
5	15	14,5	12,6	12	11,5	11,2	10,4
6	14,6	14,2	12,2	11,6	11,2	10,9	10,1
7	14,3	13,9	11,9	11,4	10,9	10,7	9,8
8	14	13,6	11,7	11,2	10,7	10,5	9,6
9	13,8	13,3	11,5	11	10,5	10,3	9,4
10	13,6	13,1	11,3	10,8	10,4	10,2	9,2
11	13,4	12,9	11,2	10,7	10,3	10,1	9,1
12	13,2	12,7	11,1	10,6	10,2	10,0	9,0

mit Kondensation 70 cm, ohne den Aufwand für die Pumpen:

3	14,6	14	12,2	11,9	11,3	11	10
4	14,1	13,4	11,8	11,4	10,8	10,6	9,5
5	13,6	13	11,4	11	10,5	10,3	9,2
6	13,2	12,7	11	10,7	10,3	10,1	8,9
7	12,9	12,5	10,8	10,5	10,1	9,9	8,7
8	12,7	12,3	10,6	10,3	9,9	9,7	8,5
9	12,5	12,1	10,4	10,1	9,7	9,5	8,4
10	12,4	11,9	10,3	9,9	9,5	9,3	8,3
11	12,3	11,8	10,2	9,8	9,4	9,2	8,2
12	12,2	11,7	10,1	9,7	9,3	9,1	8,1

LEHRBUCH DER TECHNISCHEN PHYSIK

von

Professor Dr. H. LORENZ, Ingenieur.

Band I:

TECHNISCHE MECHANIK
STARRER SYSTEME

von

HANS LORENZ.

42 Bog. 8°. Mit 254 Abbild. Preis brosch. M. 15.—, eleg. geb. M. 16.—.

Mit diesem Bande beginnt Herr Prof. Lorenz ein 4 bzw. 5 Bände umfassendes Lehrbuch der Physik, das wesentlich von den bis jetzt bestehenden Darstellungen und der Behandlung, die dieser Stoff bisher an Universitäten und technischen Hochschulen gefunden hat, abweicht, insofern letztere die **technischen Bedürfnisse** der Ingenieure und praktischen Physiker wenig berücksichtigen. **Das angekündigte Werk wird daher neben der Behandlung rein wissenschaftlicher Probleme eine Darstellung der Physik in unmittelbarem Zusammenhang mit ihren wichtigsten technischen Anwendungen geben.**

Was die folgenden, analog dem vorliegenden in sich geschlossenen und daher selbständigen Bände betrifft, so ist beabsichtigt, den **dritten**, welcher die **Wärmelehre** im vollen Umfang behandeln soll, Mitte dieses Jahres, den **zweiten** Band, die **Mechanik der deformierbaren Körper** (Elastizitäts- und Festigkeitslehre, Hydromechanik) dagegen Anfang 1905 erscheinen zu lassen. Ein oder zwei weitere Bände, der **technischen Elektrizitätslehre und Optik** gewidmet, sollen das ganze Werk abschließen.

Jeder Band des Werkes ist einzeln käuflich.

Deutsche Techniker-Zeitung. » .... Der Techniker, der aber das vorliegende Werk mit Verständnis durchgearbeitet hat, wird sicher in der Lage sein, aus den theoretischen Lehren der Mathematik und Technik alle Nutzanwendungen für die Praxis ziehen zu können. . . . . .«

Zeitschrift des österr. Ingenieur- und Architekten-Vereins, Wien. »Ein vorzügliches und für alle Techniker sehr beachtenswertes Buch!«

Vierteljahresberichte des Wiener Vereins zur Förderung des physikalischen und chemischen Unterrichts, Wien. » .... Der Verfasser hat sein doppeltes Problem, mit der vorliegenden Mechanik Ingenieuren und technischen Physikern, welche bis zur selbständigen Lösung schwieriger konkreter Fälle vordringen wollen, einen verläßlichen Führer zu geben und zugleich eine solide Grundlage für das Studium des ganzen Lehrgebäudes der technischen Physik zu liefern, glänzend gelöst und hat dadurch den Studierenden wie den Vortragenden an den technischen Hochschulen einen großen Dienst erwiesen. Die Fülle der aus der technischen Praxis herbeigezogenen Anwendungen macht das Studium dieses Buches ganz besonders anregend und interessant.«

Ausführliche Prospekte mit Inhaltsverzeichnis gratis.

Verlag von R. Oldenbourg in München und Berlin.

„Schnellbetrieb"

Erhöhung der Geschwindigkeit und Wirtschaftlichkeit der Maschinenbetriebe.

Von

A. Riedler,

Ingenieur und Professor an der Technischen Hochschule zu Berlin.

gr. 4⁰. XVI und 505 Seiten und 1027 Abbildungen.
Preis komplett geb. M. 18.—.

Aus diesem Werke erschienen Separat-Ausgaben in fünf Heften, die einzeln erhältlich sind:

I. Heft: **Maschinentechnische Neuerungen im Dienste der Städtischen Schwemm-Kanalisationen und Fabrik-Entwässerungen.** 44 S. Mit 79 Abbildungen. Preis **M. 2.—**.

II. Heft: **Neuere Wasserwerks-Pumpmaschinen für Städt. Wasserversorgungsanlagen und Pumpmaschinen für Fabriks- und landwirtschaftliche Betriebe.** 128 S. Mit 319 Abbildungen. Preis **M. 4.—**.

III. Heft: **Neuere unterirdische Wasserhaltungsmaschinen für Bergwerke und Prefs-Pumpmaschinen zur Erzeugung von Kraftwasser für hydraulische Anlagen.** 103 S. Mit 194 Abbildungen. Preis **M. 4.—**.

IV. Heft: **Exprefspumpen mit unmittelbarem elektrischem Antrieb.** Vergleiche zwischen Exprefspumpen und gewöhnlichen Pumpen und Exprefspumpen mit unmittelbarem Antrieb durch Dampfmaschinen. 104 S. Mit 176 Abbildungen. Preis **M. 4.—**.

V. Heft: **Kompressoren. Neuere Maschinen zur Verdichtung von Luft und Gas.** Exprefs-Kompressoren mit rückläufigen Druckventilen und Gebläsemaschinen für Hochöfen und Stahlwerke. 126 S. Mit 259 Abbildungen. **M. 4.—**.

Verlag von R. Oldenbourg in München und Berlin.

ELEKTRISCHE BAHNEN

ZEITSCHRIFT FÜR DAS GESAMTE
ELEKTR. BEFÖRDERUNGSWESEN

HERAUSGEBER: **WILHELM KÜBLER**

Professor an der Kgl. Technischen Hochschule zu Dresden.

Unter dem Begriff des elektrischen Beförderungswesens soll verstanden werden das gesamte Gebiet elektrischer Bahnen, insbesondere auch der Vollbahnen, die Massengüterbewältigung, Hebezeuge, Selbstfahrer, Boote u. dgl.

Die Zeitschrift will allen denen dienstbar sein, die sich mit dem elektrischen Beförderungswesen ernstlich zu befassen haben, sei es aktiv, sei es passiv. Sie macht es sich daher zur Aufgabe, das Wichtige und Beste, was zur Sache gesagt werden kann, zu sammeln und in einer der gebräuchlichen Praxis gegenüber gebesserten Form der Darstellung ihrem Abonnentenkreis zur Verfügung zu stellen. Beabsichtigt wird die Veröffentlichung von Aufsätzen wissenschaftlichen Inhaltes aus dem Gebiete des elektrischen Verkehrs- und Transportwesens mit Einschluß aller dazu gehörenden technischen Hilfsmittel, eingehende Beschreibung und zeichnerische Darstellung von bedeutenden Ausführungen und Projekten, Mitteilung von Betriebsergebnissen, Behandlung wirtschaftlicher Fragen und Aufgaben unter Berücksichtigung der Betriebsführung und des Rechnungswesens, kurze Berichterstattung über allgemein interessierende Vorgänge in der in- und ausländischen Praxis, über die wesentlichen Erscheinungen der Fachliteratur, der Statistik usw. Für regelmäßige Berichterstattung über die Vorgänge im Auslande bestehen Verbindungen mit an Ort und Stelle wohnenden hervorragenden Fachmännern. In dem Abschnitt »Zeitschriftenschau« wird über den Inhalt von ca. 70 in- und ausländischen Zeitschriften referiert werden; der Abschnitt »Patentnachrichten« orientiert über alle auf den einschlägigen Gebieten erteilten Patente.

Monatlich zwei Hefte zu 16 Seiten 4⁰.

Preis pro Jahrgang M. 16.—.

Ausführliche Prospekte und Prospekthefte gratis und franko.

Verlag von R. Oldenbourg in München und Berlin.

Elektrisch betriebene Straßenbahnen.

Taschenbuch

für deren

Berechnung, Konstruktion, Montage, Lieferungsausschreibung, Projektierung und Betrieb.

Herausgegeben von

S. Herzog, Ingenieur.

VI und 475 Seiten. Mit 377 Figuren im Text und 4 Tafeln.
Preis eleg. in Leder geb. M. 8.—.

Der heutige Lokalverkehr steht im Zeichen des elektrischen Straßenbahnbetriebes, dessen Bedeutung von Tag zu Tag zunimmt. Ein Werk, das wie das vorstehend angekündigte beabsichtigt, dem Konstrukteur, dem projektierenden Ingenieur, dem bauleitenden Techniker, dem Betriebsleiter einer elektrisch betriebenen Straßenbahn sowie dem Kalkulator alle die zahlreichen einschlägigen Fachfragen zu beantworten, wird daher zweifellos einem vielfach empfundenen Bedürfnis entgegenkommen.

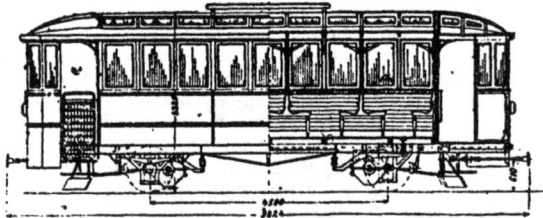

Der Autor war bestrebt, nur Konstruktionszeichnungen zu bringen, denn gerade dem Fachmanne ist mit photographischen Ansichten wenig gedient, da ihm eine Konstruktionszeichnung ein viel klareres Bild liefert und es ihm erleichtert, die in der Figur dargestellte technische Idee sich leichter praktisch zunutze zu machen. Die Zahl dieser konstruktiven Figuren allein beträgt mehr als 300.

Verlag von R. Oldenbourg in München und Berlin.

Ankündigung.

Die grofse Ausdehnung und die Fortschritte, welche die Elektrotechnik in Wissenschaft und Praxis bis heute gewonnen hat, haben die Anforderungen an das Wissen und Können in diesem Berufe aufserordentlich gesteigert. Gleichzeitig damit entstand aber auch, wie in demselben Grade auf keinem anderen Gebiete der Technik, eine überreiche Fachliteratur, in der wohl fast jede Frage der Elektrotechnik eine mehr oder weniger ausführliche Beantwortung und Bearbeitung gefunden hat. Anderseits wuchs in gleichem Schritt mit der zunehmenden Ausdehnung der Literatur die Schwierigkeit, sie für die Beantwortung einzelner Fragen zu verwerten; denn es erfordert eine ganz seltene Literaturkenntnis, um bei Bedarf das zweckdienliche, meist verstreut vorhandene Material überhaupt zu finden, oder nötigt zum mindesten jeweils zu einem sehr zeitraubenden, oft einem Nachstudium der betreffenden Werke gleichkommenden Suchen.

Diese Erwägungen veranlafsten den unten genannten Verfasser und uns, mit dem, Anfang 1904 zum erstenmal erscheinenden:

Elektrotechnischen Auskunftsbuch

Herausgegeben von

S. HERZOG, Ingenieur,

ein Werk zu schaffen, dessen Ziel es ist, dem Ingenieur über jede in das Gebiet der Elektrotechnik zu zählende Materie, durch alphabetische Anordnung zuverlässiger Angaben augenblicklich ohne vorhergehendes Suchen genügend zu unterrichten. Das Werk soll daher nicht ein Literatur-Quellennachweis sein, sondern in selbständigen, möglichst knapp gehaltenen, jedoch erschöpfenden Erläuterungen die verschiedenen elektrotechnischen Begriffe kennzeichnen, und gleichzeitig über die besonders für die Praxis so aufserordentlich wichtigen Preise der zahlreichen elektrotechnischen Artikel, über die Erstellungs- und Betriebskosten ganzer Anlagen oder Teile derselben und wo nötig über die Behandlungsarten der einzelnen Materien etc. umfassende, objektiv gehaltene Auskunft geben. Das Entgegenkommen der für die elektrotechnische Branche mafsgebenden Firmen kam dem Verfasser hierbei sehr zu statten, und ermöglichte es, die derzeit geltenden Marktpreise aller elektrotechnischen Artikel genau und einwandfrei zu verzeichnen.

Das obige Werk erstrebt also für die behandelte Spezialtechnik dasselbe, was das Jolysche Auskunftsbuch für das Gesamtgebiet der Technik in so vorzüglicher Weise erreicht hat.

Wir hoffen, mit unserem Elektrotechnischen Auskunftsbuch für alle elektrotechnischen Interessentenkreise, also Konstrukteure wie Kalkulations-Ingenieure oder Betriebsleiter sowie insbesondere auch erst in die Praxis tretende jüngere Ingenieure, ein Werk zu liefern, das sich als eine reichhaltige, täglich verwertbare Fundgrube und folglich als eines der unentbehrlichsten Hilfsmittel für den Elektrotechniker erweisen dürfte.

Verlag von R. Oldenbourg in München und Berlin.

Die Verwendung des Drehstroms,
insbesondere des hochgespannten Drehstroms
für den
Betrieb elektrischer Bahnen.

Betrachtungen und Versuche von

Dr.-Ing. W. Reichel.

Oberingenieur der Firma Siemens & Halske, A.-G.

10 Bogen gr. 8⁰ mit zahlreichen Abbild. und 7 Tafeln.

Preis geb. M. 7.50.

Elektrotechnische Zeitschrift 1903, Heft 23. Der durch seine Veröffentlichungen über die Schnellbahnversuche der »Studiengesellschaft« bereits
rühmlichst bekannte Autor hat in diesem Werke seine durch Versuche
und Studien auf diesem Gebiete gewonnenen Erkenntnisse und Erfahrungen
in dankenswerter Weise zusammengefafst und rechnerisch verwertet. Das
Buch — ursprünglich entstanden, um auf Grund desselben die Würde eines
Doktor-Ingenieurs an der Technischen Hochschule in Berlin zu er-
werben — dürfte der Kristallisationskern für die neu sich bildende
Lehre und Literatur vom elektrischen Vollbahnwesen werden, und es
wird schwerlich ein Ingenieur an derartige Aufgaben herantreten können,
ohne ein ernstes Studium vorangehen zu lassen. Die elegante Art der
Lösung einer Reihe komplizierter Aufgaben zeugt, abgesehen von ihrem
sachlichen Wert, auch von grofser Gewandtheit in der spezifisch technisch-
anschaulichen Art der Darstellung, die in dieser Unmittelbarkeit eben
nur von dem schaffenden und ausführenden Ingenieur nach langem,
zähem Kampfe mit der Sprödigkeit des Stoffes zum Ausdruck gebracht und
daher für die Lösung weiterer Aufgaben direkt verwendet werden kann.

Ein Hauptergebnis der Arbeit ist die scharfe Abgrenzung des Ver-
wendungsgebietes des Drehstromes, und zum ersten Male treten in der
Literatur ausführlich durchgeführte und mit Zahlen belegte Gegenüber-
stellungen der Vor- und Nachteile in der Anwendung von Drehstrom
gegenüber Gleichstrom zutage. Es wird gezeigt, dafs als eigentliche
Domäne des Drehstromes wesentlich das Gebiet der Vollbahnen mit hoher
Geschwindigkeit und der Gebirgsbahnen übrigbleibt, während für Strafsen-
bahn- sowie Vorort- und Kleinbahnverkehr, insbesondere mit vielen Halte-
stellen, der Gleichstrom sich wirtschaftlich weit überlegen zeigt. Freilich
bleiben dabei die neueren Reguliermethoden mit Polumschaltung und
Kaskadenschaltung unberücksichtigt. Wie die bemerkenswerten Ausführungen von Professor Kübler in seinem neuesten Werke zeigen,
dürfte sich dadurch das Urteil nicht unwesentlich zugunsten des
Drehstrommotors verschieben.

Nach dieser Abgrenzung finden wir Angaben über die Gründe und
Überlegungen, welche zur Wahl der verwendeten Konstruktionen und An-
ordnungen für Leitungen und Betriebsmittel geführt haben. Wir lernen
aber auch gleichzeitig die Schwächen der bisherigen Ausführungen
kennen, zu deren Behebung bei künftigen Versuchen der Verfasser
eine Reihe von Vorschlägen macht, welche sich auf Verbesserung des
Kontaktes der Stromabnehmer, die Festsetzung einer geringeren Perioden-
zahl — 29 pro Sekunde —, Wahl der Spannung von 10000 V, wovon
wegen Hintereinanderschaltung der Ständer auf jeden Motor nur 5000 V
fallen, und endlich auf Anwendung der Kaskadenschaltung zur Erzielung
halber Geschwindigkeiten erstrecken.

Moderne Gesichtspunkte
für den
Entwurf elektrischer Maschinen
und
Apparate
von
Dr. F. Niethammer,
Professor an der Technischen Hochschule zu Brünn.

IV und 192 Seiten gr. 8⁰. Mit 237 Abbildungen.

Preis eleg. geb. M. 8.—.

Aus dem Inhaltsverzeichnis.

Die Ziele der Leuchttechnik.
Von
Prof. Dr. Otto Lummer,
Dozent an der Universität zu Berlin. Mitglied der Physikalisch-Technischen Reichsanstalt.

112 Seiten mit 24 Figuren. gr. 8⁰.

Preis M. **2.50**.

Verlag von R. Oldenbourg in München und Berlin.

Dr. E. Schilling, Ingenieur und **E. Anklam,** Ingenieur und Betriebsdirigent der Berliner Wasserwerke zu Friedrichshagen. **Schaars Kalender für das Gas- und Wasserfach.** Zum Gebrauche für Dirigenten und technische Beamte der Gas- und Wasserwerke, sowie für Gas- und Wasserinstallateure. 27. Jahrgang. In Brieftaschenform (2 Teile) M. 4.50.

Herm. Recknagel, Ingenieur. **Kalender für Gesundheits-Techniker.** Taschenbuch für die Anlage von Lüftungs-, Zentralheizungs- und Bade-Einrichtungen. In Brieftaschenform (Leder) geb. M. 4.—.

F. Uppenborn, Stadtbaurat in München. **Deutscher Kalender für Elektrotechniker.** 2 Teile, wovon der 1. Teil in Brieftaschenform (Leder) gebunden. Preis M. 5.—.

— **Schweizerischer Kalender für Elektrotechniker.** Unter Mitwirkung von Ingen. **S. Herzog,** Zürich. Preis Frcs. 6.50.

— **Österreichischer Kalender für Elektrotechniker. Unter Mitwirkung hervorragender Fachleute.** Preis K. 6.—.

Dr. G. Bauer, Oberingenieur der Stettiner Maschinenbau-A.-G. ›Vulkan‹. **Kalender für Seemaschinisten.** Unter besonderer Mitwirkung von **E. Ludwig** und **E. Lindner,** Ingenieure für Schiffsmaschinenbau, und mit einem Anhang über Seewesen von Professor **P. Vogel.** Preis eleg. geb. M. 6.—. Inhaltsverzeichnis: Teil I. Zahlentabellen. Teil II. Mathematik, Mechanik, Physik, Festigkeit der Körper. Teil III. Hauptmaschine. Teil IV. Dampfkessel (Allgemeines, Konstruktion, Kesselarmatur). Teil V. Pumpen und Apparate. Teil VI. Rohrleitung. Teil VII. Schiffshilfsmaschinen. Teil VIII. Elektrotechnik. Teil IX. Schiffsbau. Teil X. Nautik. Teil XI. Verschiedene Tabellen und gesetzliche Bestimmungen. Als Beilagen: 1 mehrfarbige Weltkarte, Karte des Atlantischen Ozeans, 1 Flaggentafel.